LORENZO RAUSA

CNC
CORSO BASE DI PROGRAMMAZIONE

Per tornio e fresatrice

Copyright © cnc webschool ™ 2018
Milano (Italy)

info@cncwebschool.com
www.cncwebschool.com

Tutti i diritti sono riservati a norma di legge
e a norma delle convenzioni internazionali.

Prima edizione: luglio 2018. Seconda ristampa: agosto 2019.
Terza ristampa: gennaio 2021 (R1.14).

ISBN: 9781981421473

Indice

Prefazione

1. **Introduzione al corso (1h)** 11
   1.1 L'obiettivo 11
   1.2 I mezzi 12
   1.3 Il metodo 12
   1.4 La durata 13
   1.5 Il tornio e la fresatrice 13
2. **Avviamento del software di addestramento** 17
   2.1 Scaricare il programma SinuTrain Operate 17
   2.2 Installazione 18
   2.3 Creazione del tornio 19
   2.4 Download dei programmi e trasferimento in SinuTrain 20
3. **Dal programma alla simulazione grafica (2h)** 23
   3.1 Introduzione 23
   3.2 Apertura del programma 24
   3.3 Importazione dei dati utensile 25
   3.4 Definizione grafica del pezzo grezzo 27
   3.5 Avvio della simulazione 27
   3.6 Selezione del programma per l'avvio della produzione 30
4. **Nome e direzione degli assi (2h)** 31
   4.1 La disposizione degli assi secondo la norma ISO 31
   4.2 L'asse X e l'asse Z 32
   4.3 L'asse C 33
   4.4 Determinazione del verso positivo degli assi rotanti 35
   4.5 L'asse Y 36
   4.6 L'asse B 37
   4.7 L'asse A 38
   4.8 Concetto di interpolazione 38

4.9	Schema di programmazione	39
4.10	Esercitazione pratica	41
	4.10.1 Spostamento sugli assi X, Z ed orientamento angolare	41
	4.10.2 Calcolo dei valori di spostamento	44
	4.10.3 Duplicare, rinominare e modificare un programma	47

5. Concetti di programmazione (3h) ... 49

5.1	Elementi che costituiscono un programma	49
5.2	Sequenza logica di programmazione	50
5.3	Durata della validità di un'istruzione	51
	5.3.1 Istruzioni modali e gruppi di appartenenza	51
	5.3.2 Istruzione autocancellante	53
5.4	Tipi di istruzioni	53
	5.4.1 Le istruzioni tecnologiche	53
	5.4.2 Le istruzioni geometriche	53
	5.4.3 Le istruzioni ausiliarie 'M'	54
5.5	Istruzioni complementari	55
	5.5.1 Inserimento di commenti	55
	5.5.2 Visualizzazione di messaggi	55
5.6	Numerazione automatica dei blocchi	56
5.7	Esercitazione pratica	57
	5.7.1 Analisi di un programma	57
	5.7.2 Numerazione automatica dei blocchi	58
	5.7.3 Cancellazione dei numeri di blocco	60

6. Sistemi di coordinate (2h) ... 61

6.1	Sistema di coordinate macchine (SCM)	61
	6.1.1 Zero macchina	62
	6.1.2 Punto caratteristico della slitta	63
6.2	Sistema di coordinate pezzo (SCP)	63
	6.2.1 G54 - G57: definizione dello zero pezzo	64
	6.2.2 Azzeramento utensile	66
6.3	Esercitazione pratica	67
	6.3.1 Definizione dello zero pezzo, utilizzo di MDA e JOG	67
	6.3.2 Visualizzazione della posizione in SCM e SCP	69
	6.3.3 Azzeramento utensile mediante sfioro del pezzo	72

7. Richiamo degli utensili (2h) ... 73

7.1	Introduzione	73
7.2	T: richiamo dell'utensile e funzione M6	73
7.3	D: richiamo dei valori di azzeramento utensile	74
7.4	Correzione usura utensile	77

- 7.5 Esercitazione pratica 78
  - 7.5.1 Creazione di un utensile 78
  - 7.5.2 Cancellazione di un utensile 80
  - 7.5.3 Creazione di un secondo correttore utensile 81
  - 7.5.4 Cancellazione di un secondo correttore utensile 82
  - 7.5.5 Montaggio e smontaggio degli utensili in torretta 83
  - 7.5.6 Salvataggio dei dati di attrezzaggio (solo con licenza) 83
- **8. Attivazione dei mandrini (2h) 85**
  - 8.1 Introduzione 85
  - 8.2 SETMS: definizione del mandrino principale 87
  - 8.3 G97: rotazione mandrino con numero di giri costante ... 88
  - 8.4 G96: impostazione della velocità di taglio costante 89
  - 8.5 LIMS=: limitazione del numero di giri massimo 90
  - 8.6 M3, M4, M5: impostazione del verso di rotazione 91
  - 8.7 Riferimento delle istruzioni ad un mandrino non principale ... 91
  - 8.8 Scelta di utilizzo delle funzioni G97, G96 e LIMS 92
  - 8.9 SPOS=: programmazione dell'orientamento angolare 92
  - 8.10 Esercitazione pratica 93
    - 8.10.1 Esercizi di calcolo 93
    - 8.10.2 Creazione di un nuovo programma principale 94
    - 8.10.3 Creazione di un nuovo sottoprogramma 95
    - 8.10.4 Creazione di una nuova cartella 95
    - 8.10.5 Ripasso degli esercizi relativi all'orientamento angolare 96
- **9. Impostazione dell'avanzamento (1h) 97**
  - 9.1 Introduzione 97
  - 9.2 G95: avanzamento espresso in mm/giro 97
  - 9.3 G94: velocità di spostamento espressa in mm/min 97
  - 9.4 Calcolo del tempo di esecuzione di una passata 98
  - 9.5 Esercitazione pratica 99
    - 9.5.1 Esercizi di calcolo 99
    - 9.5.2 Salvataggio di cartelle e programmi 100
- **10. Coordinate assolute ed incrementali (1h) 101**
  - 10.1 G90: programmazione assoluta 101
  - 10.2 G91: programmazione incrementale 103
  - 10.3 Programmazione mista 104
  - 10.4 Significato diametrale o radiale dei valori associati a X 104
  - 10.5 Esercitazione pratica 105
    - 10.5.1 Analisi di un programma in coordinate assolute 105

          10.5.2 Analisi di un programma in coordinate incrementali....... 106
11. Funzioni base per la definizione del profilo (3h)..........................107
    11.1 G0: movimento rapido 107
    11.2 G1: interpolazione lineare 108
    11.3 G33, G34, G35: filettatura in più passate............................. 109
    11.4 G4: funzione di attesa.. 110
    11.5 Esercitazione pratica 111
          11.5.1 Esempio di sgrossatura di un profilo.......................... 111
          11.5.2 Verifica di comprensione del programma 113
          11.5.3 Esempio di programmazione di una filettatura 114
          11.5.4 Esecuzione della finitura di un profilo 117
12. Programmazione diretta di raccordi, smussi e angoli (2h) 119
    12.1 Introduzione 119
    12.2 RND= / RNDM=: esecuzione di un raccordo 119
    12.3 CHR= / CHF=: esecuzione di uno smusso 121
    12.4 FRC= / FRCM: avanzamento specifico su smussi e raccordi 122
    12.5 ANG=: direzione di una retta definita tramite angolo 123
    12.6 Esercitazione pratica 125
          12.6.1 Confronto tra la programmazione punto-punto e diretta . 125
          12.6.2 Definizione dei dati del grezzo.................................... 127
          12.6.3 Programmazione di un pezzo 129
13. Interpolazione circolare (1h)..131
    13.1 G2: interpolazione circolare in senso orario 131
    13.2 G3: interpolazione circolare in senso antiorario 132
    13.3 I, K, I=AC(...), K=AC(...): progr. del centro del raggio............ 133
    13.4 Definizione del piano di lavoro 135
    13.5 Esercitazione pratica 136
          13.5.1 Programmazione di differenti raggi 136
14. Prima verifica d'apprendimento (2h)..139
    14.1 Introduzione alla verifica.. 139
    14.2 Lavorazioni e parametri di taglio 140
    14.3 Disegno del pezzo da realizzare 141
    14.4 Esecuzione del copia e incolla di parte di un programma........... 142
    14.5 Correzione del programma 142
15. Compensazione raggio utensile (1h) 143
    15.1 Introduzione 143
    15.2 G42: attivazione con utensile a destra del profilo 148

15.3 G41: attivazione con utensile a sinistra del profilo 149
15.4 Modalità di attivazione e disattivazione con G40 150
15.5 Esercitazione pratica 151
    15.5.1 Analisi di un programma 151
    15.5.2 Verifica di comprensione dei concetti 154
15.6 Ricarica lista utensili completa 156

16. Programmazione di una fresatrice a 3 assi (2h) 157
16.1 Introduzione 157
16.2 Disposizione degli assi in una fresatrice 157
16.3 L'asse X, l'asse Y e l'asse Z 159
16.4 L'asse C e l'asse B nei centri di lavoro 160
16.5 Interpolazione su cinque assi 161
16.6 Schema di programmazione 162
16.7 Posizione dello zero macchina e definizione dello zero pezzo..... 162
16.8 TRANS/ATRANS: spostamento incrementale dello zero pezzo 164
16.9 Posizione del punto comandato dal CN e geometria utensili 165
16.10 Impostazione della rotazione utensile e dell'avanzamento 167

17. Esercitazione pratica di fresatura (3h) 169
17.1 Introduzione 169
17.2 Creazione di una fresatrice a tre assi (X, Y, Z) 169
17.3 Download dei programmi e trasferimento in SinuTrain 170
17.4 Richiamo diretto degli utensili nel programma 171
17.5 Definizione grafica del pezzo grezzo 173
17.6 Disegno del pezzo da realizzare 177
17.7 Programma, fase 1: esecuzione del profilo esterno 178
17.8 Programma, fase 2: sgrossatura del profilo interno 179
17.9 Programma, fase 3: finitura del profilo interno 180
17.10 Programma, fase 4: esecuzione dei fori 181
17.11 Programma, fase 5: attivazione della simulazione grafica 182

18. Taglio concorde e discorde in fresatura (2h) 183
18.1 Fresatura periferica 183
    18.1.1 Introduzione 183
    18.1.2 Area della sezione del truciolo 183
    18.1.3 Discordanza: movimento relativo tra fresa e pezzo ... 185
    18.1.4 Discordanza: distribuzione delle forze di taglio 185
    18.1.5 Concordanza: movimento relativo tra fresa e pezzo ... 187
    18.1.6 Concordanza: distribuzione delle forze di taglio 187

| 18.1.7 Conclusioni 188
| 18.2 Fresatura frontale.. 189
| 18.2.1 Introduzione 189
| 18.2.2 Area della sezione del truciolo 189
| 18.2.3 Concordanza e discordanza nella fresatura frontale 190
| 18.3 Confronto tra i vari tipi di fresatura 191
| 18.3.1 Fresatura periferica in discordanza 191
| 18.3.2 Fresatura periferica in concordanza 191
| 18.3.3 Fresatura frontale 191

19. Programmazione di quattro pezzi fresati (8h) 193
- 19.1 Esempio di programmazione con l'utilizzo di TRANS 193
  - 19.1.1 Programma del pezzo 194
- 19.2 Esempio di programmazione in concordanza 196
  - 19.2.1 Programma del pezzo 197
- 19.3 Esempio di programmazione utilizzando le coordinate polari..... 199
  - 19.3.1 Sistema di coordinate polari 200
  - 19.3.2 Comandi di movimento con le coordinate polari 201
  - 19.3.3 Programma del pezzo 202
- 19.4 Esempio di programmazione con fori maschiati 205
  - 19.4.1 Funzioni di maschiatura 206
  - 19.4.2 Programma del pezzo 207

20. Seconda verifica d'apprendimento (2h) 211
- 20.1 Introduzione alla verifica 211
- 20.2 Lavorazioni e parametri di taglio 212
- 20.3 Disegno del pezzo da realizzare 213
- 20.4 Correzione del programma 214

Prefazione

Il corso è rivolto agli studenti delle scuole superiori e a tutti coloro che si avvicinano per la prima volta al mondo della programmazione delle macchine utensili. I docenti ed i professionisti potranno studiare argomenti più complessi prelevandoli dal corso avanzato proposto nel libro "CNC - Corso di programmazione in 90 ore".
Il testo presenta tutti i concetti base di programmazione e spiega le funzioni 'ISO standard', ovvero il linguaggio di programmazione alla base di tutti i controlli numerici, il software d'addestramento e simulazione grafica è gratuito ed illimitato e riproduce fedelmente un vero controllo numerico sul computer.
Il metodo didattico e gli argomenti trattati, sono stati selezionati per stimolare l'interesse e la curiosità dello studente nello studio della materia. Il percorso formativo prevede capitoli e paragrafi d'istruzione teorica ed altri d'istruzione pratica. I paragrafi relativi alla teoria sono affiancati da disegni e schemi che semplificano la comprensione del testo. Le prime esperienze pratiche consistono nell'utilizzare programmi già redatti che permettono allo studente di iniziare a conoscere il controllo numerico e le sue potenzialità. In seguito, si procederà con la stesura di nuovi programmi con gradi di difficoltà commisurati all'esperienza acquisita.
Le esercitazioni pratiche sono corredate dalle relative procedure operative che permettono allo studente di apprendere anche in maniera autonoma, riducendo la necessità della presenza del docente.

Ciclicamente vengono proposte delle verifiche d'apprendimento per aiutare corsisti e docenti ad analizzare i progressi raggiunti o ad evidenziare gli argomenti da rivedere.

All'inizio di ogni capitolo è indicato il tempo in ore da impiegare sia per l'apprendimento della parte teorica che per l'esecuzione delle esercitazioni pratiche. Le macchine analizzate sono: un tornio a tre assi (X, Z, C) con utensili motorizzati ed una fresatrice verticale a tre assi (X, Y, Z).

Dal sito cncwebschool.com si possono scaricare tutti i programmi utilizzati durante la spiegazione e la raccolta delle immagini contenute nel libro, utili a casa come in aula da stampare, visualizzare o proiettare durante lo svolgimento del corso.

Ringrazio le aziende SIEMENS, DMG MORI e SANDVIK COROMANT per il costante supporto fornito durante la stesura del testo.

Lorenzo Rausa

1. Introduzione al corso (1h)
(teoria: 1h)

1.1 L'obiettivo

L'obiettivo specifico di questo corso è quello di imparare a realizzare il programma completo di un pezzo partendo dal suo disegno, il percorso didattico da affrontare è però costituito dal raggiungimento di una serie di tante piccole mete.

Programmare correttamente un tornio a controllo numerico è il risultato che si ottiene dalla combinazione di più conoscenze, queste sono le piccole mete che l'apprendimento di ogni capitolo rappresenta.

Imparare il significato di codici e funzioni non è sufficiente alla realizzazione del pezzo perché è necessario anche individuare le tipologie di lavorazione che la macchina è in grado di eseguire; importante è inoltre la definizione degli utensili ed il calcolo dei parametri di taglio, tutte cose utili a creare la sequenza delle lavorazioni da programmare, ovvero la realizzazione del ciclo di lavoro.

Una volta completato il programma-pezzo è necessario sapere come utilizzare il pannello di controllo della macchina, le sequenze operative per inserire il programma, per modificarlo, salvarlo e ricaricarlo, azzerare gli utensili, visualizzare la simulazione grafica, provare il programma e avviare la macchina in ciclo automatico.

Questi sono gli obiettivi da raggiungere attraverso l'impegno ed il tempo dedicati allo studio, supportati dal metodo didattico che questo libro vi offre.

1.2 I mezzi

I mezzi da utilizzare per il raggiungimento degli obiettivi preposti sono questa guida ed il programma di addestramento e simulazione grafica SinuTrain Sinumerik Operate 4.8.

Sinumerik Operate è il nome dell'ultimo sistema operativo creato da Siemens per il funzionamento dei suoi controlli numerici.

Il programma SinuTrain replica fedelmente tutte le funzioni e le videate di un controllo numerico sullo schermo del computer che, durante questo corso, si trasforma in un vero tornio a CN.

Si può inoltre collegare al computer una tastiera che riproduce il pannello di controllo, il suo eventuale utilizzo renderà l'esperienza simulata sempre più simile a quella di programmare una reale macchina a controllo numerico.

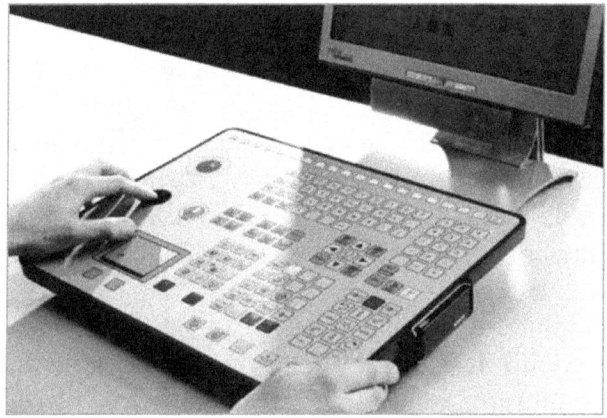

Fig. 1. Pannello di controllo opzionale per SinuTrain

1.3 Il metodo

Il percorso formativo prevede capitoli e paragrafi d'istruzione teorica e altri d'istruzione pratica. I paragrafi relativi alla teoria sono affiancati da disegni e schemi che semplificano la comprensione del testo. La raccolta di tutte le immagini ed i programmi utilizzati durante il corso sono scaricabili dal sito cncwebschool.com nella sezione STRUMENTI. Le prime esperienze pratiche consistono nell'utilizzare programmi già redatti, utili al corsista per iniziare a conoscere il controllo numerico e le sue potenzialità.

In seguito si procederà con la stesura di nuovi programmi, con gradi di difficoltà commisurati all'esperienza acquisita.

Durante le esercitazioni pratiche il lettore è costantemente guidato dalle relative procedure operative; in fase di apprendimento sull'utilizzo di una macchina utensile la sequenza dei tasti da premere è sempre la parte più complessa da ricordare e quella più noiosa da annotare.

Il metodo didattico è studiato per permettere anche al neofita di completare il corso ed arrivare a comprendere tutte le funzioni e le modalità più complesse di programmazione.

Ciclicamente vengono proposte delle verifiche d'apprendimento per aiutare corsisti e docenti ad analizzare i progressi raggiunti o ad evidenziare gli argomenti da rivedere.

Il corso si basa sullo studio delle funzioni definite 'ISO standard', ovvero il linguaggio di programmazione alla base di tutti i controlli numerici, i cui comandi sono stati codificati e quindi normalizzati dall'ente internazionale per la standardizzazione (International Organization for Standardization).

La conoscenza del codice ISO permette al programmatore di operare su diversi controlli numerici riducendo il disagio causato dalle inevitabili differenze che questi presentano.

1.4 La durata

All'inizio di ogni capitolo è indicato il tempo in ore da impiegare sia per l'apprendimento della parte teorica che per l'esecuzione delle esercitazioni pratiche.

La durata della licenza ad uso gratuito del programma SinuTrain è illimitata per le macchine prese in esame (DEMO-Lathe e DEMO-Milling Machine), questo garantisce la conclusione del corso ed il consolidamento delle nozioni acquisite.

1.5 Il tornio e la fresatrice

La macchine prese in esame sono un tornio a tre assi (X, Z, C) con utensili motorizzati ed una fresatrice verticale a tre assi (X, Y, Z), sono macchine monocanale e quindi necessitano di un solo programma per comandare gli spostamenti di tutti gli assi.

Questa è la configurazione della maggior parte delle macchine utensili presenti nelle officine di tutto il mondo e rappresentano la miglior base di partenza per la comprensione del funzionamento e della programmazione di macchine più complesse, dotate di più assi, più mandrini o più canali.

Le parti fondamentali del tornio sono il mandrino, la torretta portautensili ed il controllo numerico. Il mandrino trattiene il pezzo da lavorare tramite tre griffe normalmente azionate da un circuito oleodinamico. Il mandrino viene anche definito autocentrante poiché è in grado di posizionare il centro del pezzo sul suo asse di rotazione.

La torretta portautensili simulata nel programma di addestramento, offre venti posizioni disponibili, tutte equipaggiabili con utensili fissi o motorizzati.

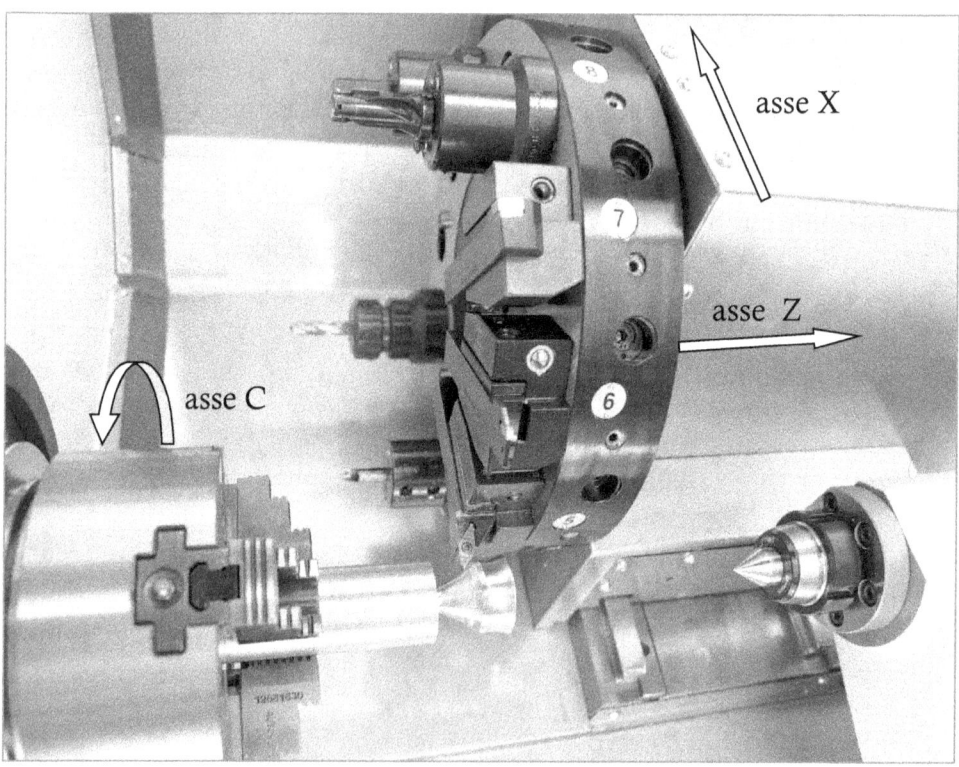

Fig. 2. Tornio con 3 assi ed utensili motorizzati

Le parti fondamentali della fresatrice sono il mandrino portautensile, la tavola portapezzo ed il controllo numerico. Il mandrino mette in rotazione gli utensili normalmente montati su portautensili con attaccati conici standard, l'aggancio e lo sgancio del portautensile avvengono comunemente mediante un braccio robotizzato ed un sistema pneumatico di aspirazione e rilascio. La scelta del costruttore di far muovere la tavola portapezzo o il montante portautensili non influisce sulla modalità di programmazione della fresatrice. Per semplificare la programmazione e l'intercambiabilità dei programmi, i costruttori sono tenuti infatti a rispettare la norma ISO 841 che definisce la nomenclatura degli assi e dei movimenti per le macchine a controllo numerico.

Fig. 2.1   Fresatrice con 3 assi

Il CN che controlla entrambe le macchine è prodotto da Siemens ed è della serie 840D, questo controllo numerico è programmabile in linguaggio ISO standard oppure mediante il programma conversazionale dedicato ai torni e denominato ShopTurn oppure dedicato alle frese e chiamato ShopMill.
Non approfondiremo questa alternativa poiché si scosta dall'obiettivo di imparare ad utilizzare le funzioni ISO.

2. Avviamento del software di addestramento

2.1 Scaricare il programma SinuTrain Operate

Per procedere alla seguente operazione è necessario che il PC sia connesso alla rete internet.
Qui di seguito i requisiti minimi del computer necessari per l'installazione ed il corretto funzionamento del programma SinuTrain:

Hardware:	Processore 2 GHz, RAM 4 GB, collegamento internet, ingresso dati USB.
Capacità del disco:	Circa 3,3 GB disponibili per l'installazione completa.
Sistema operativo:	Windows 7 SP1 (32 e 64 Bit) (no: Starter, Web Edition, Embedded) Windows 8.1 (32 e 64 Bit) (no: RT) Windows 10 (64 Bit) (no: Mobile, Mobile Enterpr.)
Impostazioni dell'utente:	Per l'installazione e l'utilizzo dovete avere i diritti di amministratore del PC.
Licenza:	Le macchine prese in esame (DEMO-Lathe e DEMO-Milling Machine) non richiedono nessuna licenza.

Fig. 3. Requisiti minimi del computer

Collegatevi al sito cncwebschool.com, accedete all'area STRUMENTI per aprire la pagina Siemens. Procedete alla registrazione ed annotate qui sotto i dati di accesso da voi creati rendendoli disponibili per i futuri collegamenti.

Username:	Password:
…………………………………	…………………………………

Fig. 4. Dati di accesso personali al sito Siemens

Dopo aver effettuato il 'login', attivate il link per scaricare l'ultima versione del programma di simulazione e addestramento denominato:

SinuTrain SINUMERIK Operate 4.8

Si aprirà una finestra intitolata *Download del file* che chiede se salvare o aprire la cartella compressa. Scegliete di salvare la cartella ed attendete il completamento.
Chiudete il programma di navigazione, selezionate con il puntatore la cartella appena scaricata, premete il pulsante destro del mouse e scegliete: *Estrai tutto, Estrai*. Attendete il completamento dell'operazione.

2.2   Installazione

Accedete con un utente con i diritti di amministratore. Aprite la cartella ed avviate il processo di installazione partendo dal file SETUP.EXE. Potrebbe esservi chiesto di riavviare il computer, in questo caso riavviate il PC e riprendete l'installazione cliccano nuovamente sul file SETUP.EXE. Assicuratevi che il firewall del vostro PC sia disattivato. Prestate attenzione a selezionare English e Italian quando sarà richiesta la lingua di dialogo del controllo numerico.

In seguito saranno proposti tre differenti programmi da installare.

SinuTrain Workbench è una applicazione che permette di creare macchine personalizzate (selezione opzionale).

SinuTrain è il nome del programma di addestramento utilizzato durante il corso (da selezionare).

Automation License Manager è il programma di gestione delle licenze acquistate da Siemens. Non è necessario per lo svolgimento del corso ma potenzialmente utile in futuro (selezione opzionale).

Attendere il completamento dell'installazione dei programmi selezionati.

2.3 Creazione del tornio

Avviate il programma dall'icona SinuTrain che è stata creata sul desktop del PC, quindi premete OK.

SinuTrain si propone con una finestra vuota che in futuro ospiterà la lista di tutte le macchine che avrete definito al suo interno.

Procedere ora con la creazione del tornio da utilizzare durante il corso.

Cliccate sul collegamento "Utilizzare modello" per utilizzare una delle macchine standard preconfigurate all'interno di SinuTrain.

Definite ora il tipo di macchina, modificate il nome del tornio, descrivete le sue caratteristiche di base, impostate la grandezza della finestra che riproduce il video della macchina e la lingua utilizzata. Inserite queste informazioni come riportato di seguito.

Modello	DEMO-Lathe
Nome	TORNIO: corso di programmazione
Descrizione	SP1: nome del mandrino principale X: asse lineare radiale Z: asse lineare longitudinale SP3: nome del mandrino per utensili motorizzati
Risoluzione	640x480 (o quella adatta al vostro schermo)
Lingua	Italian - Italiano

Premete CREARE

La macchina è stata creata ed è ora visualizzata nella pagina di avviamento del programma.

Premete col puntatore sul tornio appena creato per avviarlo.

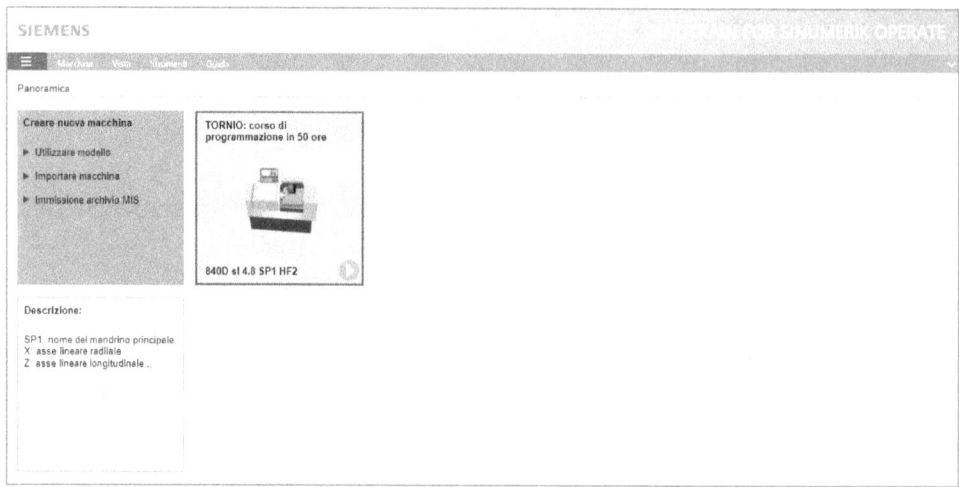

Fig. 5. Finestra di partenza del programma di simulazione

2.4 Download dei programmi e trasferimento in SinuTrain

Aprite il sito cncwebschool.com ed accedete all'area STRUMENTI per scaricare la cartella T3_PROG che contiene tutti i programmi utilizzati durante il corso.

Selezionate con il puntatore la cartella compressa appena scaricata, premete il pulsante destro del mouse e scegliete: *Estrai tutto*.

Trasferite ora i programmi all'interno del software di addestramento. SinuTrain, come una vera macchina utensile, è in grado di caricare e scaricare i dati da una memoria esterna collegata tramite porta USB.

Copiate la cartella T3_PROG all'interno di una memoria USB vuota.

Selezionate il tornio appena creato e premete il tasto AVVIARE tra le icone in alto sullo schermo.
Sul pannello di controllo cliccate PROGRAM MANAGER.

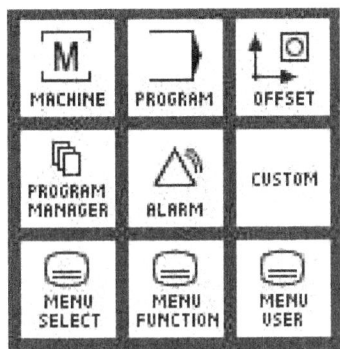

Fig. 6. Tasti per la selezione degli ambienti operativi

Dopo aver selezionato tra le softkey orizzontali USB, compare sullo schermo il contenuto della memoria USB.

Selezionate con le frecce la cartella T3_PROG e **premete il tasto giallo INPUT per aprirla.**

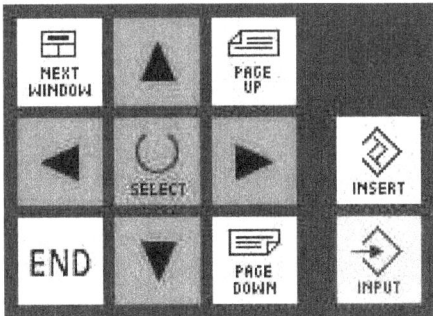

Fig. 7. Tasti per il movimento del cursore ed inserimento dati

Portate ora la barra arancione di selezione sulla prima cartella contenuta in T3_PROG di nome 01_ESERCIZI.

Premete tra le softkey verticali EVIDENZIARE e scendete con le frecce fino a selezionare tutto il contenuto della cartella (oppure usate il puntatore).

Selezionate ora COPIARE.

Premete NC tra i softkey orizzontali.

Selezionate con le frecce la cartella PEZZI e premete INSERIRE tra i softkey verticali.

Ora tutti i programmi ed il file che contiene i dati di attrezzaggio degli utensili utilizzati sono disponibili all'uso.

3. Dal programma alla simulazione grafica (2h)
(pratica: 2h)

3.1 Introduzione

Questo esercizio permette di comprendere velocemente tutti i contenuti del corso e consiste nel partire da un programma già realizzato per arrivare poi ad ottenere la simulazione grafica delle lavorazioni ed il solido finito del pezzo da produrre.

Successivamente sono riportate tutte le procedure per aprire il programma, definire le dimensioni e la forma del pezzo grezzo, importare i dati degli utensili, avviare la simulazione e utilizzare le opzioni di visualizzazione del pezzo.

Il particolare che si sta per realizzare contiene molte delle lavorazioni che la macchina è in grado di fare. Viene eseguita la sgrossatura e la finitura del profilo esterno, la gola di scarico del filetto, la filettatura esterna con più passate, il centrino, la foratura assiale e la maschiatura, le operazioni di foratura radiale con orientamento angolare del mandrino, la fresatura del quadrato di lato 44 mm mediante l'interpolazione X-C e l'incisione della scritta 'CNC' sul mantello.

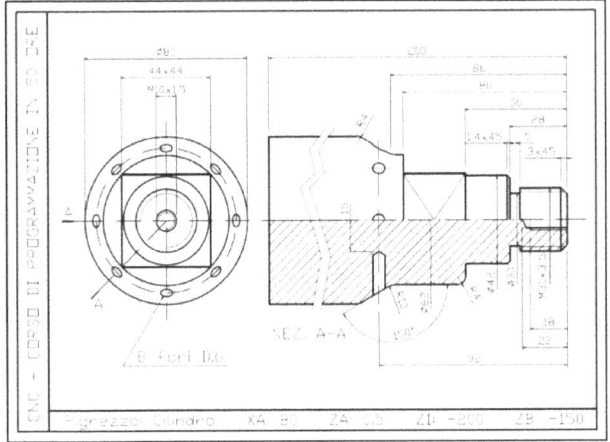

Fig. 8. Disegno tecnico del pezzo introduttivo al corso

3.2 Apertura del programma

E' opportuno ricordare di seguire questa procedura ogni volta che si deve aprire un programma per la sua modifica o per l'esecuzione della simulazione grafica. Utilizzate il mouse per premere i pulsanti visualizzati sullo schermo.

Il pannello di controllo permette all'operatore di raggiungere la pagina dei programmi sia premendo MENU SELECT e poi PROGRAM MANAGER come visualizzato nella seguente figura, oppure premendo direttamente PROGRAM MANAGER dalla sezione di tastiera dedicata agli ambienti operativi.

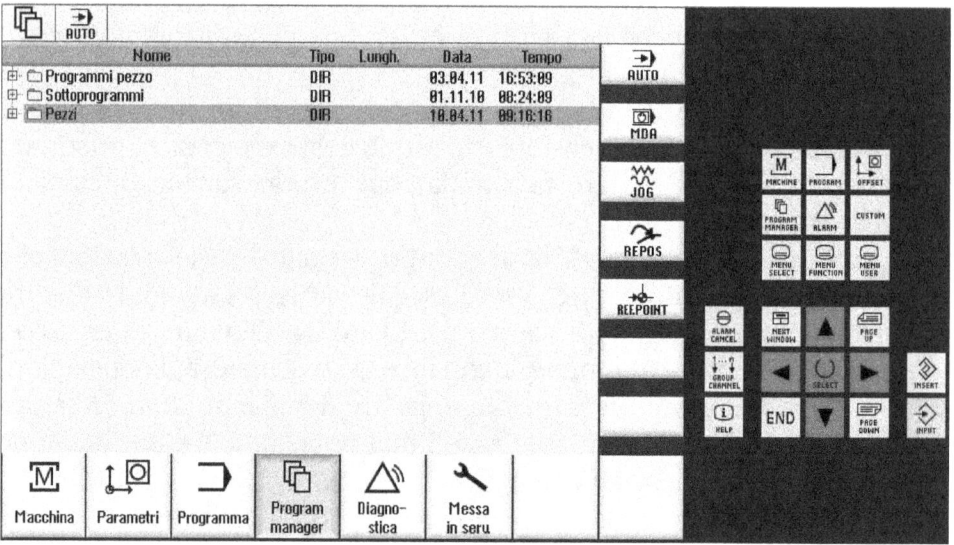

Fig. 9. Organizzazione dei programmi nella pagina PROGRAM MANAGER

Program Manager è l'ambiente operativo che permette di gestire e visualizzare i programmi contenuti nella memoria del CN.

La cartella *Programmi pezzo* contiene la lista dei programmi principali che si creano per la realizzazione dei pezzi ed hanno estensione .MPF (Main Program File). Questa cartella non può contenere altre sottocartelle.

La cartella *Sottoprogrammi* contiene la lista dei programmi eventualmente richiamati dai programmi principali, hanno estensione .SPF (Sub Program File), sono programmi secondari utilizzati per snellire e semplificare la lettura dei programmi principali.

La cartella *Pezzi* può contenere altre sottocartelle ed offre la possibilità di organizzare i programmi in diversi sottogruppi oppure di raccogliere tutti

i programmi per la produzione di un determinato pezzo in un'unica cartella chiamata appunto 'cartella pezzo'.
Selezionate mediante le frecce la cartella PEZZI, apritela premendo il tasto giallo INPUT, selezionate la cartella CAP_03 ed apritela con INPUT.
All'interno si trova il programma da utilizzare in questo capitolo.
Per aprirlo selezionare con le frecce PRG_03_01 e premere INPUT.

3.3 Importazione dei dati utensile

I dati degli utensili utilizzati dal programma PRG_03_01 sono raccolti all'interno di un file da importare prima di eseguire la simulazione grafica. Premete PROGRAM MANAGER per poi entrare nella cartella 01_ESERCIZI, selezionate con le frecce il file LISTA_UTENSILI e premete il tasto giallo INPUT, il CN riconosce la volontà di caricare i dati utensile e propone la seguente finestra di dialogo.

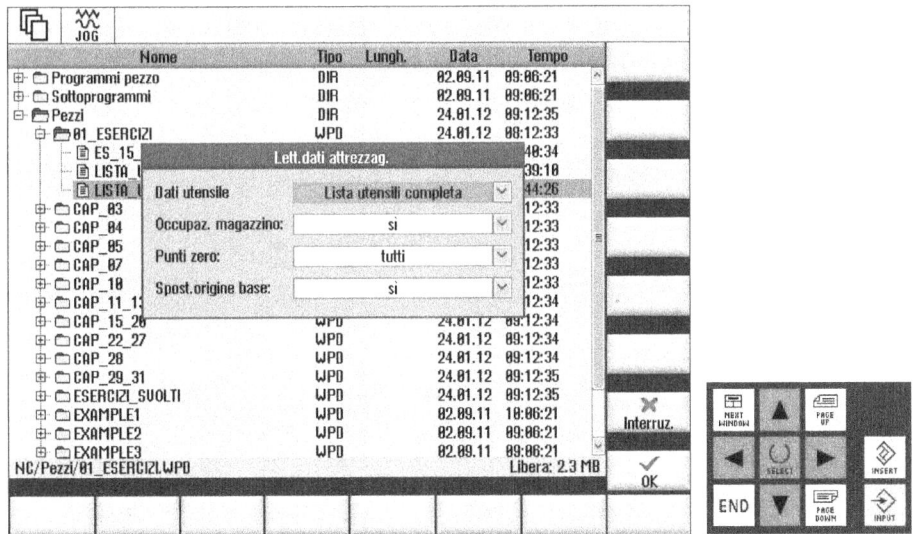

Fig. 10. Finestra di dialogo per la lettura dei dati di attrezzaggio

Dati utensile: selezionate con il menù a tendina, o mediante il tasto SELECT posto al centro delle frecce: *Lista utensili completa*, questa sovrascrive completamente la lista degli utensili già definiti in macchina.

La selezione *No* indica la volontà di non caricare i dati utensile ma solo i punti zero e gli spostamenti origine.
Spostatevi con le frecce sulle voci successive.

Occupazione magazzino: selezionate con il menù a tendina o mediante il tasto SELECT: *Si*, questa opzione carica gli utensili nelle stesse posizioni del magazzino in cui erano residenti al momento del salvataggio. La selezione *No* carica gli utensili nelle posizioni successive alle 20 disponibili del magazzino permettendo in seguito il loro nuovo posizionamento sulla torretta portautensili mediante i tasti CARICA e SCARICA.

Punti zero: selezionando con il menù a tendina o mediante il tasto SELECT: *Tutti*, è possibile caricare in macchina i valori di spostamento dell'origine degli assi. La selezione *No* per non caricare questi dati.

Spostamento origine base: selezionate con il menù a tendina o mediante il tasto SELECT: *Si*; questa opzione permette di caricare oltre ai valori di spostamento dell'origine degli assi anche quello di base.
Premete quindi OK e confermate nuovamente con OK la volontà di sovrascrivere i dati attuali.

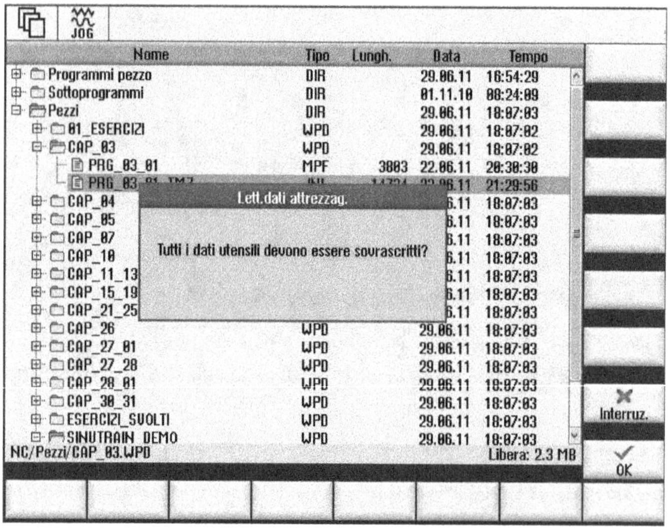

Fig. 11. Finestra di conferma e sovrascrittura dei dati utensile

3.4 Definizione grafica del pezzo grezzo

Per ottenere una simulazione grafica fedele alla realtà è necessario definire la forma e le dimensioni del pezzo grezzo da lavorare.

Tutti i disegni tecnici analizzati durante il corso riportano i dati del grezzo nel cartiglio posto nella parte bassa del disegno. Il loro significato è riportato qui di seguito.

Pezz. grezzo:	Sagoma del pezzo grezzo (es.: cilindro)
XA:	Diametro esterno del pezzo grezzo (es.: 80 mm).
ZA:	Valore del sovrametallo di sfacciatura posto sulla faccia anteriore del pezzo (es.: 0.5 mm).
ZI:	Lunghezza del pezzo grezzo. Se con il tasto SELECT, si seleziona ASSOLUTA (consigliata) la lunghezza è riferita allo zero pezzo, se INCREMENTALE la lunghezza è riferita alla faccia anteriore del pezzo comprensiva di sovrametallo.
ZB:	Sporgenza della faccia del pezzo dalle griffe dell'autocentrante. La selezione assoluta o incrementale si comporta come per ZI.

Fig. 12. Descrizione delle dimensioni del grezzo

Si vedrà in seguito come inserire queste informazioni in testa al programma nel blocco: *WORKPIECE(,,,"CYLINDER",0,0.5,-200,-150,80)*

3.5 Avvio della simulazione

Seguendo la procedura riportata nel paragrafo 3.2, aprite il programma PRG_03_01 con INPUT e premete l'icona orizzontale in basso a destra: SIMULAZIONE (ripetere questa operazione due volte alla prima accensione del programma).

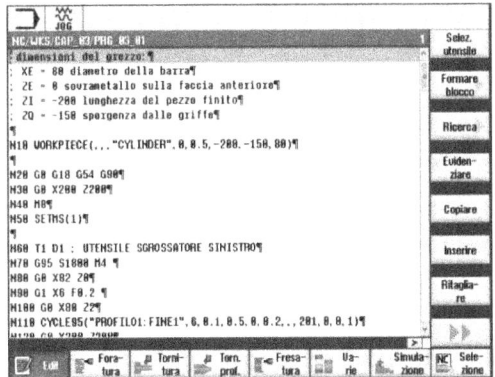

Fig. 13. Programma aperto e pronto alla simulazione

Utilizzate ora tutte le varie opzioni di visualizzazione:
VISTA LATERALE, VISTA 3D, entrate in ULTERIORI VISTE per esplorare VISTA FRONTALE e SEZIONE PARZIALE.

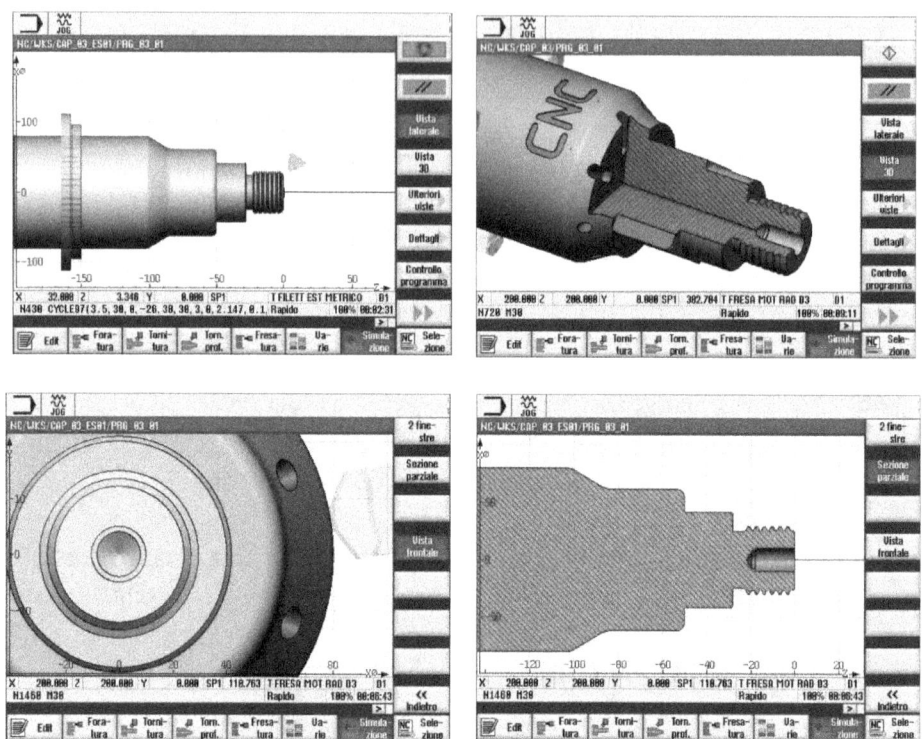

Fig. 14. Opzioni di visualizzazione del pezzo

Scoprite ora, per ognuna delle visualizzazioni, le potenzialità aggiuntive offerte dall'icona DETTAGLI relative ad operazioni di ZOOM e TAGLIO del pezzo.

Premete successivamente CONTROLLO PROGRAMMA per utilizzare le icone che permettono di variare la velocità di esecuzione del profilo tramite la gestione del potenziometro: OVERRIDE+, OVERRIDE-, OVERRIDE 100%.

Dopo aver selezionato VISTA 3D, CONTROLLO PROGRAMMA, premere l'icona OVERRIDE- fino a ridurre la velocità di avanzamento all'80%, attivate l'icona BLOCCO SINGOLO per eseguire il programma riga per riga.

Questa impostazione è molto utile all'operatore per associare i movimenti dell'utensile alle funzioni inserite nel programma, oppure per trovare i blocchi che causano un errore di esecuzione del profilo.
Premete INDIETRO ed avviate l'esecuzione del programma continuando a premere l'icona verde, SBL sta per Single Block, ovvero indica che la modalità blocco singolo è attiva.

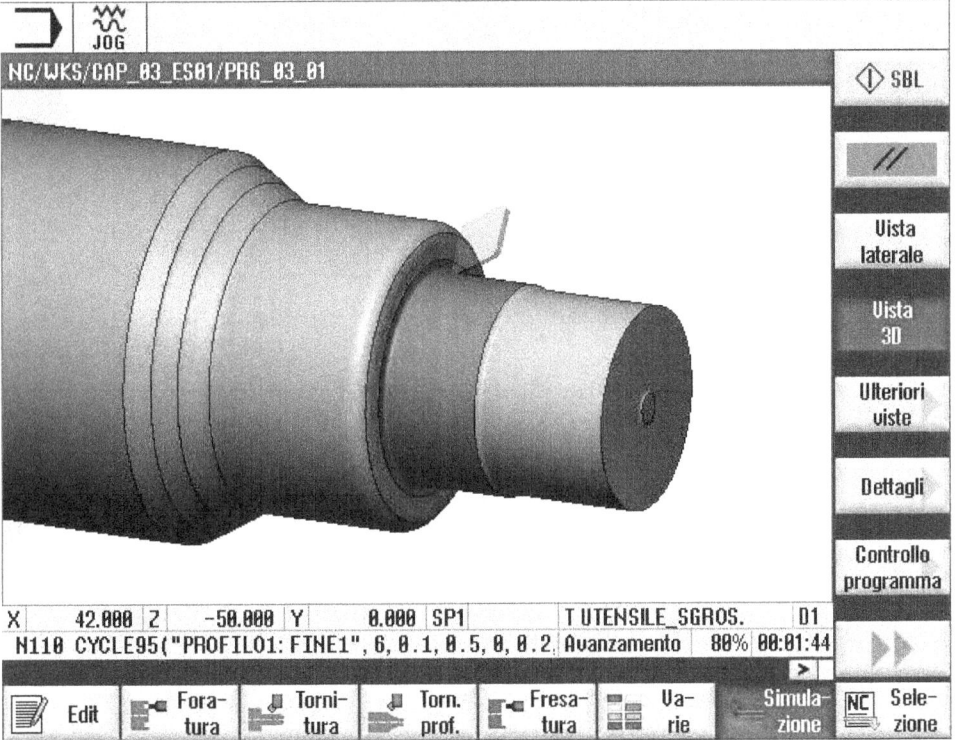

Fig. 15. Esecuzione della simulazione grafica in modalità blocco singolo

Per uscire dalla simulazione e ritornare all'editor del programma utilizzate l'icona EDIT posta in basso a sinistra del video del controllo numerico.
Rivedete gli argomenti trattati in questo capitolo ed esercitatevi nell'utilizzare la simulazione grafica fino a prendere una sufficiente confidenza.

3.6 Selezione del programma per l'avvio della produzione

Nel caso di reale avviamento della produzione di un pezzo, una volta verificato il programma mediante la simulazione grafica, si procede al montaggio degli utensili in macchina, al loro azzeramento ed alla produzione dei primi pezzi.

Per stabilire quale dei programmi presenti nel CN venga eseguito alla pressione del tasto CYCLE START è necessario effettuare l'operazione di "selezione del programma".

Si ricorda che questa è una operazione fondamentale da eseguire per la messa in produzione della macchina ma non necessaria ai fini dello svolgimento di questo corso.

Premere PROGRAM MANAGER, selezionate con le frecce il file PRG_03_01, premere quindi la prima icona in alto: SELEZIONE.
Il CN si predispone all'avvio del ciclo automatico impostando il modo operativo AUTO e visualizzando la posizione attuale degli assi.

Abilitate la rotazione dei mandrini e gli avanzamenti premendo i tasti verdi SPINDLE START e FEED START, la loro attivazione viene segnalata dall'accensione della luce verde sopra il tasto.
Utilizzate il mouse per ruotare il potenziometro dei mandrini e degli avanzamenti al 100% come riportato nella seguente figura.

Premendo il tasto verde CYCLE START si inizia a vedere il programma selezionato svolgersi sullo schermo. Ora il tornio sta producendo il pezzo in ciclo automatico.

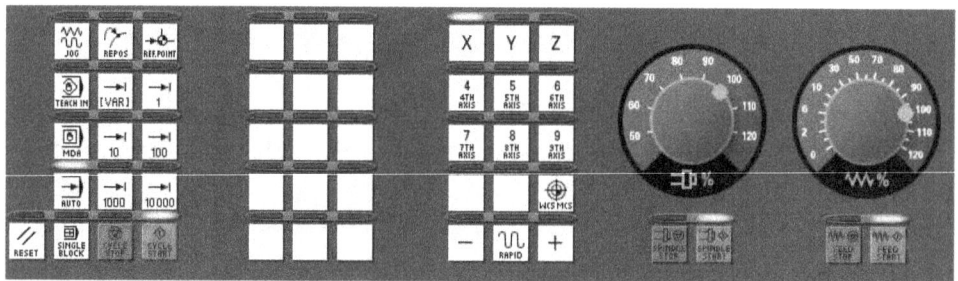

Fig. 16. Abilitazione ed impostazione dei potenziometri per la messa in esecuzione del programma in ciclo automatico

4. Nome e direzione degli assi (2h)
(teoria: 1h, pratica: 1h)

4.1 La disposizione degli assi secondo la norma ISO
Ogni asse è definito dal verso e dalla direzione di movimento della slitta ed è caratterizzato dalla capacità di interpolare con altri assi presenti in macchina. Più assi presenti in macchina significa che la slitta o le slitte si spostano in più direzioni. Le norme ISO hanno stabilito il nome di ogni asse in base alla sua direzione ed hanno definito il loro verso positivo secondo lo schema rappresentato nella seguente figura.

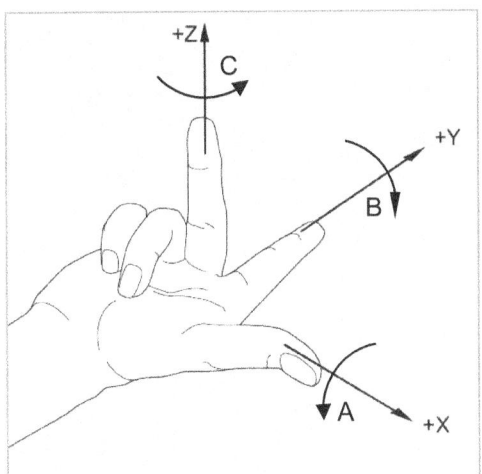

Fig. 17. Regola della mano destra: definizione degli assi e dei loro versi positivi secondo le Norme ISO. Il verso positivo è sempre considerato in funzione dell'utensile che si sposta sul pezzo.

Questa regola viene definita "regola della mano destra", il pollice rappresenta l'asse X, l'indice l'asse Y ed il medio l'asse Z. La stessa norma definisce inoltre i nomi degli assi rotanti. L'asse rotante intorno a X si chiama A, l'asse rotante intorno a Y si chiama B e l'asse rotante intorno a Z si chiama C.

4.2 L'asse X e l'asse Z

In un tornio gli assi principali sono l'asse X e l'asse Z, questi definiscono il piano di lavoro X-Z.

Lo spostamento dell'utensile in questo piano, unito alla contemporanea rotazione del pezzo intorno all'asse Z, crea un solido ottenuto per rivoluzione. L'asse Z è quindi considerato l'asse generatore del pezzo.

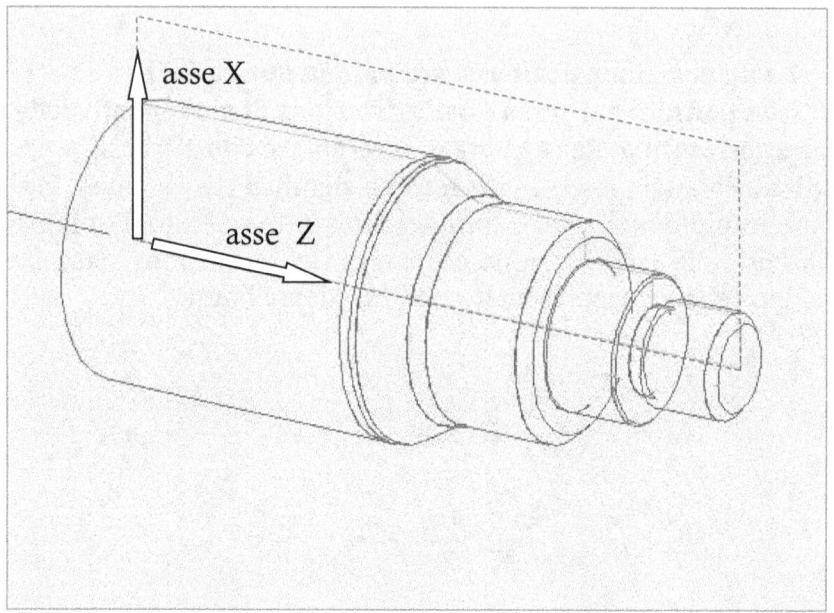

Fig. 18. Solido di rivoluzione intorno all'asse Z del profilo descritto sul piano X-Z

L'asse X è l'asse trasversale dei diametri. I valori programmati sull'asse X definiscono la posizione diametrale dell'utensile rispetto all'asse di rotazione del pezzo che viene sempre considerato equivalente a zero. La distanza percorsa dall'utensile, da una quota diametrale all'altra, equivale alla metà della differenza tra i due valori, è necessario utilizzare questa informazione durante la programmazione di smussi o gole, spesso quotati sul disegno con valori radiali.

L'asse Z è l'asse longitudinale delle lunghezze. Tutte le quote programmate sull'asse Z sono reali e si riferiscono allo zero pezzo che è normalmente posizionato sulla faccia anteriore del pezzo stesso. La differenza tra i valori di una quota in Z ed un'altra corrisponde alla reale distanza percorsa dall'utensile.

4.3 L'asse C

Il controllo numerico, grazie alle sue capacità di calcolo, offre inoltre la possibilità di utilizzare l'asse di rotazione del mandrino come asse interpolante, ovvero in grado di coordinare i suoi movimenti in funzione dei movimenti degli altri assi. L'asse di rotazione del mandrino, essendo sempre coassiale all'asse Z, è chiamato asse C. Mediante l'asse C si possono realizzare fresature e forature, il suo utilizzo è sempre associato alla presenza in macchina di utensili rotanti chiamati utensili motorizzati.

L'asse C può essere usato per orientare angolarmente il mandrino ed eseguire fori radiali coassiali all'asse X o fori frontali fuori centro coassiali all'asse Z.

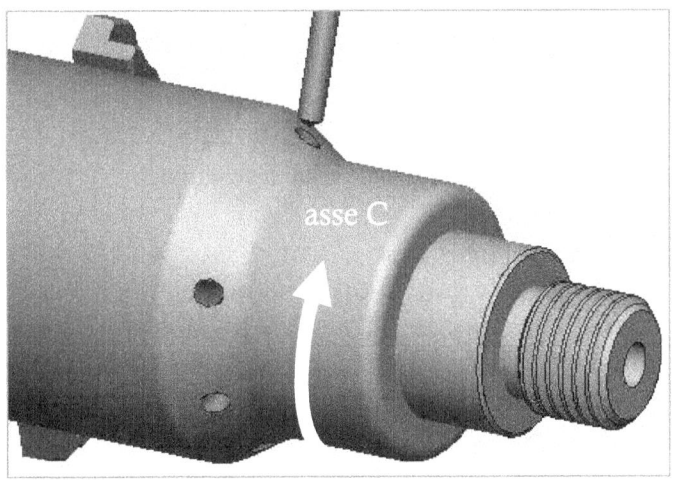

Fig. 19. Orientamento angolare del mandrino per l'esecuzione di fori radiali

In torni predisposti a lavorazioni di pezzi di grande massa, lo stazionamento del mandrino in una determinata posizione angolare è garantito dalla presenza di un freno meccanico che agisce direttamente su un disco solidale al mandrino stesso.
Nelle macchine più piccole l'assenza del freno meccanico indica che l'orientamento angolare e conseguente bloccaggio del mandrino è ottenuto mantenendo il motore del mandrino elettricamente attivo. La coppia stessa del motore è la forza usata per contrastare ogni spostamento conseguente alle lavorazioni eseguite sul pezzo.

Un'altra modalità d'utilizzo dell'asse C è quella di interpolare C con Z e di eseguire fresature che seguono la curvatura del pezzo. Il profilo programmato viene descritto su un cilindro, questo tipo di interpolazione viene infatti chiamata: interpolazione cilindrica.

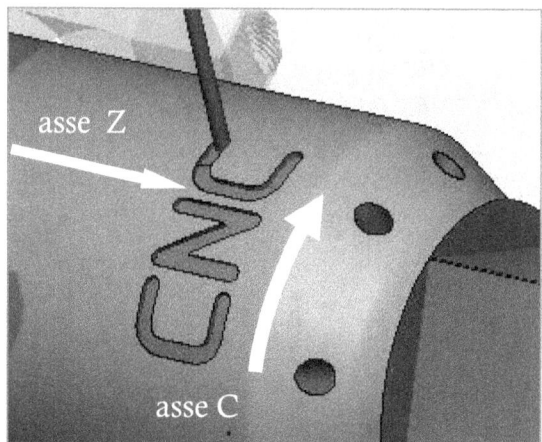

Fig. 20. Esempio di interpolazione cilindrica C-Z

Si può inoltre interpolare l'asse C con l'asse X. Questa potenzialità permette di eseguire fresature fuori asse sul piano frontale del pezzo utilizzando utensili motorizzati coassiali all'asse Z. In questo caso il controllo numerico è in grado di trasformare l'asse C in un asse Y virtuale, ovvero un asse trasversale al pezzo che permette di eseguire profili di qualsiasi tipo descritti sul piano frontale del pezzo.

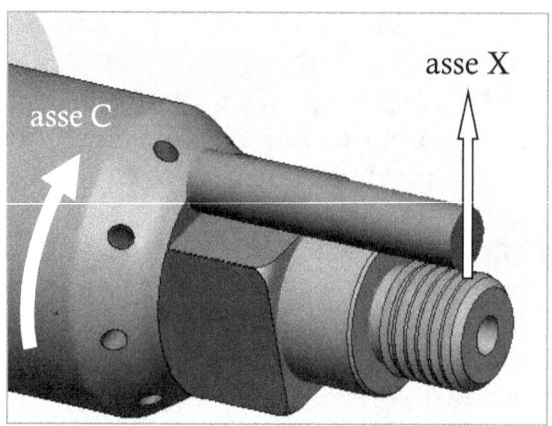

Fig. 21. Esempio di interpolazione frontale C-X

4.4 Determinazione del verso positivo degli assi rotanti

La determinazione del verso positivo degli assi rotanti avviene tramite la regola del verso di chiusura della mano destra.

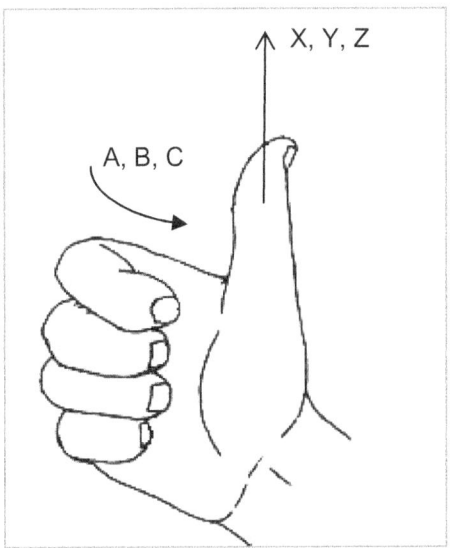

Fig. 22. Regola della mano destra per stabilire il verso positivo degli assi rotanti

Questa regola determina il verso positivo di movimento dell'asse rotante quando l'utensile si muove sul mandrino.
Nel caso in cui a spostarsi sia il pezzo, come nel caso dell'asse C, il movimento reale del mandrino avviene nel verso opposto.

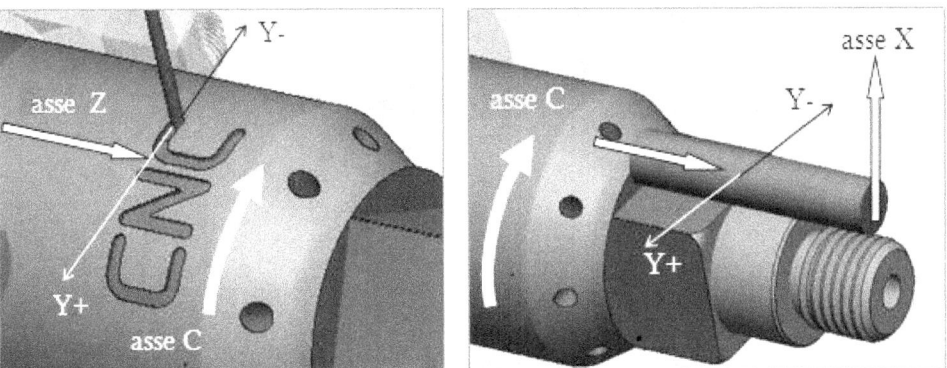

Fig. 23. Verso positivo di programmazione dell'asse C e movimento reale del pezzo

4.5 L'asse Y

Quando il costruttore del tornio vuole offrire la possibilità di ampliare le tipologie di fresature eseguibili in macchina, si ha la presenza dell'asse Y. Anche questo asse è legato all'utilizzo degli utensili motorizzati. Tramite l'asse Y reale, e non virtuale come l'asse C, si possono eseguire fresature fuori asse con fondo piatto utilizzando gli utensili motorizzati radiali, in questo caso il profilo giace sul piano Y-Z. Basti pensare a come eseguire una chiavetta ed il suo successivo allargamento. La presenza di un asse Y reale è l'unica possibilità che permette di crearla, portando il concetto di tornio sempre più vicino a quello di una fresatrice.

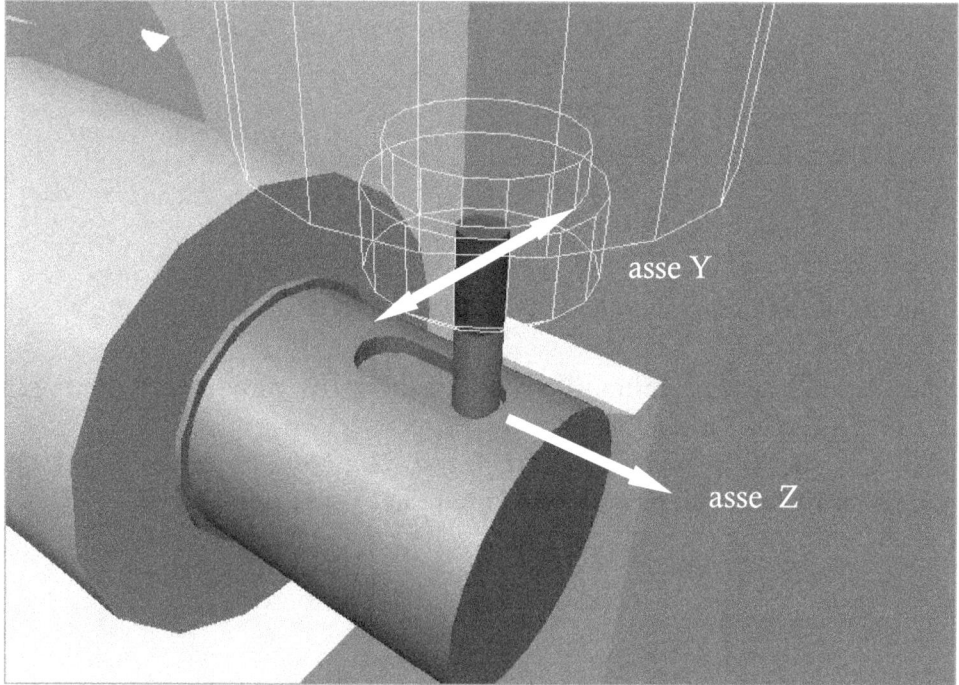

Fig. 24. Fresatura di una chiavetta utilizzando l'asse Y reale

4.6 L'asse B

L'asse B è l'asse che ruota intorno all'asse Y; nei torni è utilizzato per eseguire forature e fresature inclinate oppure dentature di ingranaggi con generatrice inclinata rispetto all'asse Z. Anche in questo caso, come per l'asse Y, l'asse B dota il tornio di una maggiore flessibilità d'utilizzo nelle lavorazioni di fresatura.

La presenza dell'asse B nei torni è ristretta ad una limitata fascia di macchine, normalmente equipaggiata di magazzino utensili automatico con attacchi conici al posto delle più tradizionali torrette rotanti.

Il magazzino utensili, inteso come sistema di deposito utensili esterno all'area di lavoro, è montato normalmente su giostra o cinematica a catena e permette di disporre di un numero di utensili molto più ampio, quindi più adatto a soddisfare le complesse lavorazioni che questo tipo di macchina è in grado di eseguire.

La presenza dell'asse B indica che ci troviamo davanti ad una macchina ormai non più definibile semplicemente come tornio ma macchina universale, in grado di eseguire lavorazioni di tornitura così come di eseguire le più complesse lavorazioni di fresatura.

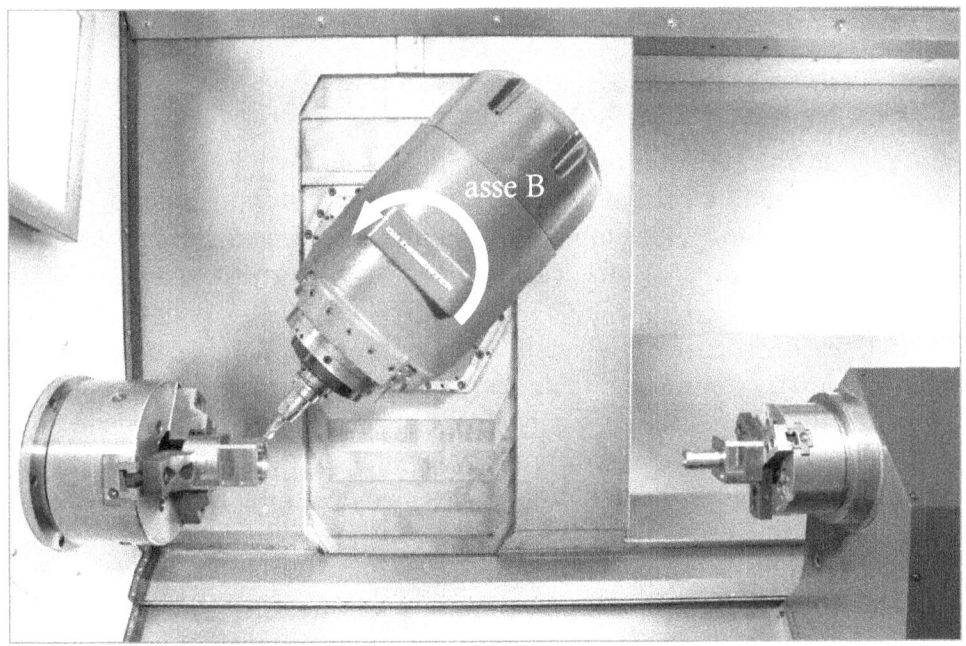

Fig. 25. Tornio universale equipaggiato con asse B

4.7 L'asse A

L'asse A è quello che ruota intorno a X. La configurazione della maggioranza dei torni non prevede la sua presenza poiché le sue potenzialità sono le stesse di quelle offerte da un asse Y reale.

Qui di seguito una macchina equipaggiata con asse A in grado di eseguire fresature rettilinee sul piano Y-Z grazie all'interpolazione tra gli assi A e Z.

Fig. 26. Tornio equipaggiato con asse A

4.8 Concetto di interpolazione

Si è visto come l'utensile si muove su assi cartesiani indipendenti.

Per interpolazione s'intende il movimento coordinato di uno o più assi secondo una precisa logica geometrica eseguito con velocità controllata.

Tratti lineari inclinati, come quelli programmati per definire una conicità o uno smusso, sono eseguiti mediante l'interpolazione dell'asse X con l'asse Z, in questo caso il controllo numerico coordina il movimento contemporaneo dei due assi affinché l'utensile percorra una linea retta. La fresatura di profili sul mantello del pezzo è generata interpolando l'asse C con l'asse Z.

Ogni volta che si programma un movimento di lavoro, ci troviamo davanti ad una interpolazione, **la logica geometrica è definita dalla funzione attuale attiva o impostata nel blocco stesso, la velocità di esecuzione è definita dal valore di avanzamento programmato.**

4.9 Schema di programmazione

La maggioranza dei torni a controllo numerico rispetta lo schema di programmazione riportato nella figura seguente.

I valori associati a X esprimono il diametro sul quale si trova l'utensile o la slitta, sono tendenzialmente sempre positivi, X0 è sull'asse di rotazione del pezzo, valori negativi indicano una posizione sotto il centro di rotazione del pezzo.

I valori associati a Z esprimono la posizione longitudinale dell'utensile o della slitta, Z0 è quasi sempre definito sulla faccia anteriore del pezzo, i valori positivi indicano che la posizione è fuori dal pezzo, i valori negativi indicano che l'utensile è in fase di lavorazione o che è comunque posizionato oltre la faccia anteriore del pezzo.

Nella figura sottostante è rappresentato lo schema di programmazione che deve essere utilizzato per la valutazione dei versi positivi degli assi, per determinare il senso di rotazione orario ed antiorario degli archi di cerchio contenuti nel profilo del pezzo, per definire la posizione destra e sinistra dell'utensile rispetto alla direzione di taglio e per valutare il valore dell'angolo da programmare nel caso di rette inclinate.

La norma ISO 841 definisce un sistema di coordinate di assi (fig. 17) con verso positivo sempre riferito all'utensile che si sposta sul pezzo.

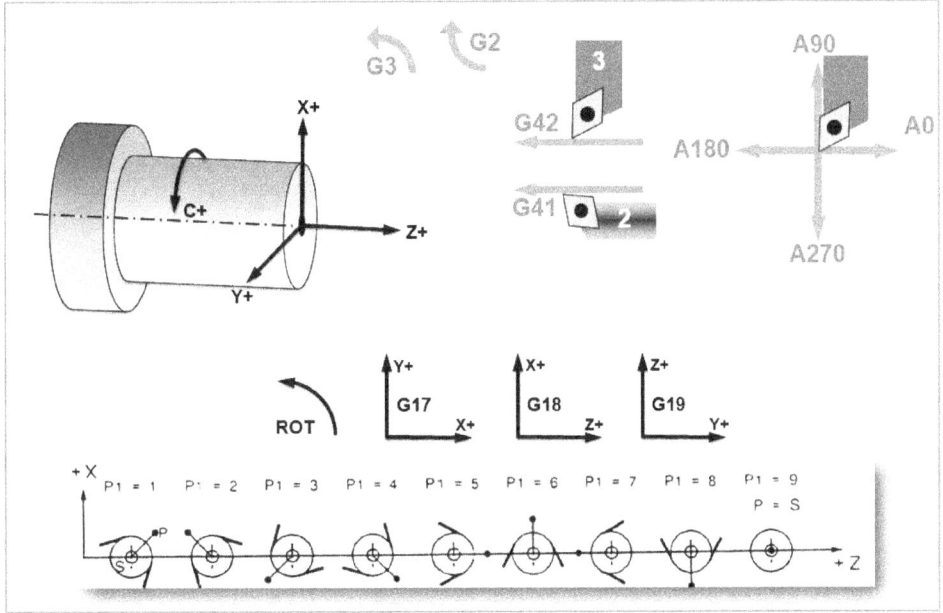

Fig. 27. Schema di programmazione

La configurazione meccanica del tornio preso in esame è quella più diffusa e prevede una torretta portautensili che si sposta sul pezzo che è fisso e trattenuto dal mandrino.

Fig. 28. Tornio tradizionale con movimento dell'utensile sul pezzo

In alcune macchine il movimento reale dell'asse Z o dell'asse X viene eseguito dal pezzo mentre l'utensile resta fermo, queste caratteristiche, dovute a scelte tecniche del costruttore, non influiscono normalmente sullo schema di programmazione della macchina.

Fig. 29. Tornio con movimento reale dell'asse Z e dell'asse X sul pezzo

4.10 Esercitazione pratica

4.10.1 Spostamento sugli assi X, Z ed orientamento angolare

Questo esercizio ha lo scopo di chiarire il significato dei valori di spostamento da programmare sugli assi X e Z e dei valori angolari relativi all'orientamento del mandrino.

Si parte da un programma semplice che contiene degli spostamenti su due assi. Le lavorazioni eseguite sono: una tornitura lungo l'asse Z, due smussi ottenuti interpolando l'asse Z con l'asse X, quattro fori radiali a novanta gradi ottenuti orientando angolarmente il mandrino.

Le dimensioni del grezzo sono già inserite all'interno del programma e gli utensili quelli già utilizzati per l'esecuzione del pezzo precedente.

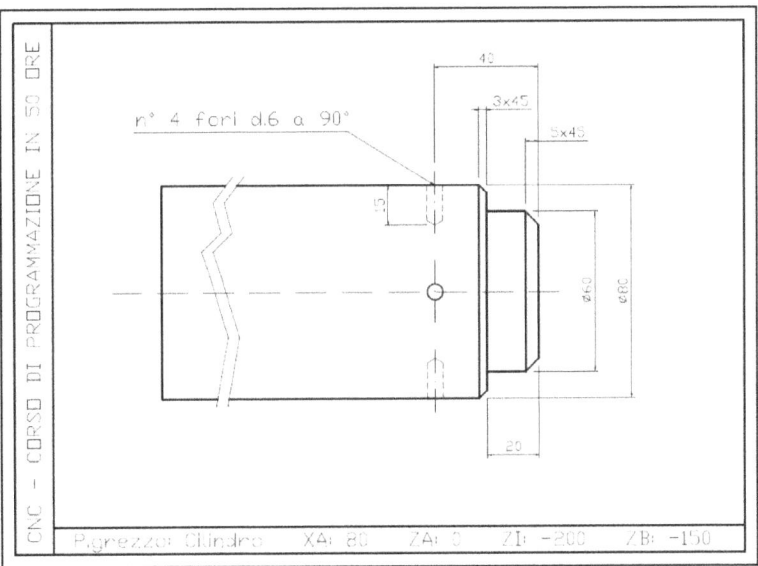

Fig. 30. Disegno tecnico del pezzo realizzato dal programma PRG_04_01

Entrate nella cartella CAP_04 e aprite il programma PRG_04_01 seguendo le procedure del capitolo 3.

Avviate la simulazione utilizzando la selezione VISTA LATERALE e impostate l'esecuzione del programma in BLOCCO SINGOLO.

Qui di seguito è riportato il programma per la realizzazione di questo pezzo, cercate di procedere contemporaneamente all'esecuzione del programma e alla lettura attenta dei commenti.

Verificate la corrispondenza che c'è tra disegno, valore programmato e quantità di movimento dell'asse. Questo esercizio non prevede la comprensione completa del programma.

```
N10 ; dimensioni del grezzo:
N20 ; XA = 80 diametro della barra
N30 ; ZA = 0 sovrametallo sulla faccia anteriore
N40 ; ZI = -200 lunghezza del pezzo finito
N50 ; ZB = -150 sporgenza dalle griffe
N60
N70 WORKPIECE(,,,"CYLINDER",0,0,-200,-150,80)

N80 G18 G54 G90
N90 G0 X400 Z500
N100 M8
N110 SETMS(1)

N120 T1 D1 ; UTENSILE SGROSSATORE SINISTRO
N130 G95 S1800 M4
N140
N150 ; COMPRENSIONE DEI MOVIMENTI LINEARI DEGLI ASSI X E Z
N160
N170 ; MOVIMENTO DIAMETRALE DI 20MM DA X80 A X60 MM
N180 G0 X80 Z0
N190 G0 X60
N200 ; LO SPOSTAMENTO REALE DELL'UTENSILE E' DI 10 MM
N210
N220 ; MOVIMENTO LONGITUDINALE DI 20MM DA Z0 A Z-20
N230 G1 Z-20 F0.2
N240 ; LO SPOSTAMENTO REALE E' DI 20MM
N250
N260 G0 X62 Z0
N270
N280 ; PER L'ESECUZIONE DI UNO SMUSSO 5x45
N290 ; LO SPOSTAMENTO SULL'ASSE DELLE X
N300 ; E' DOPPIO RISPETTO ALLO SPOSTAMENTO SULL'ASSE DELLE Z
N310 G0 X50 ; DIAMETRO DI PARTENZA DELLO SMUSSO
N320 G1 X60 Z-5 ; VALORE DI ARRIVO IN X E Z
N330
N340 G1 Z-20 ; LUNGHEZZA DELLA TORNITURA
N350 ; SE IL SECONDO SMUSSO E' DI 3x45, LA COORDINATA
N360 ; IN X DI PARTENZA E' 6MM PRIMA DEL DIAMETRO DI ARRIVO
N370 G1 X74 ; DIAMETRO DI PARTENZA
N380 G1 X80 Z-23 ; PUNTO DI ARRIVO IN X E Z DELLO SMUSSO
N390
N400 G0 X200
N410 G0 Z200
```

```
N420
N430 ; COMPRENSIONE DEI VALORI DI ORIENTAMENTO ANGOLARE DEL
MANDRINO
N440
N450 ; ESECUZIONE DI 4 FORI SFASATI DI 90 GRADI
N460 ; POSIZIONE DEL PRIMO FORO A ZERO GRADI
N470 ; ORIENTAMENTO ANGOLARE DEL MANDRINO A 0 GRADI
N480 SPOS=0
N490 SETMS(3)
N500
N510 T8 D1; PUNTA RADIALE D.6 DESTRA
N520 G95 S1200 M3
N530 G0 Z-40 ; POSIZIONE LONGITUDINALE DEI FORI
N540 STR_FORO1:
N550 G0 X84
N560 G1 X50 F0.1 ; DIAMETRO DI ARRIVO DELLA PUNTA
N570 G4 S2
N580 G0 X84
N590 END_FORO1:
N600
N610 ; POSIZIONE ANGOLARE DEL SECONDO FORO
N620 SPOS[1]=90
N630 REPEAT STR_FORO1 END_FORO1
N640
N650 ; POSIZIONE ANGOLARE DEL TERZO FORO
N660 SPOS[1]=180
N670 REPEAT STR_FORO1 END_FORO1
N680
N690 ; POSIZIONE ANGOLARE DEL QUARTO FORO
N700 SPOS[1]=270
N710 REPEAT STR_FORO1 END_FORO1
N720
N730 G0 X200
N740 G0 Z200
N750
N760 M30
```

4.10.2 Calcolo dei valori di spostamento

Questo esercizio verifica l'apprendimento del metodo di calcolo utilizzato per definire i posizionamenti longitudinali, diametrali ed angolari.

Modificate ora i posizionamenti in X, Z ed i valori di orientamento angolare del mandrino per la realizzazione del seguente pezzo. E' del tutto simile a quello precedente ma con variazioni sull'ampiezza degli smussi, la lunghezza della tornitura, la posizione longitudinale dei fori, la profondità radiale dei fori e l'orientamento angolare dei fori.

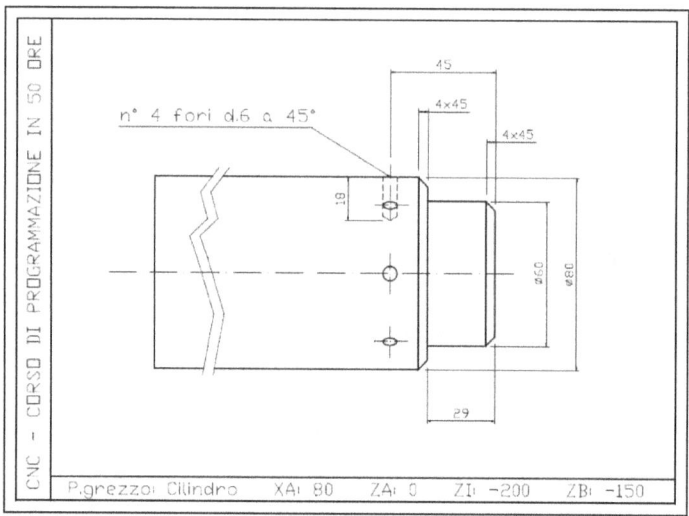

Fig. 31. Disegno tecnico del pezzo da realizzare nel programma ES_04_01

La freccia (→) prima del numero di blocco propone l'inserimento del valore appropriato, da scrivere nel programma sottostante per poi andare a verificarlo utilizzando la simulazione grafica.

```
N10 ; dimensioni del grezzo:
N20 ; XA = 80 diametro della barra
N30 ; ZA = 0 sovrametallo sulla faccia anteriore
N40 ; ZI = -200 lunghezza del pezzo finito
N50 ; ZB = -150 sporgenza dalle griffe
N60
N70 WORKPIECE(,,,"CYLINDER",0,0,-200,-150,80)

N80 G18 G54 G90
N90 G0 X400 Z500
N100 M8
N110 SETMS(1)
```

```
N120 T1 D1 ; UTENSILE SGROSSATORE SINISTRO
N130 G95 S1800 M4
N140
N150 ; COMPRENSIONE DEI MOVIMENTI LINEARI DEGLI ASSI X E Z
N160
N170 ; MOVIMENTO DIAMETRALE DI 20MM DA X80 A X60 MM
N180 G0 X80 Z0
N190 G0 X60
N200 ; LO SPOSTAMENTO REALE DELL'UTENSILE E' DI 10 MM
N210
→ N220 ; MOVIMENTO LONGITUDINALE DI ……… MM DA Z0 A Z-………
→ N230 G1 Z-……… F0.2
→ N240 ; LO SPOSTAMENTO REALE E' DI ……… MM
N250
N260 G0 X62 Z0
N270
→ N280 ; PER L'ESECUZIONE DI UNO SMUSSO ……… x45
N290 ; LO SPOSTAMENTO SULL'ASSE DELLE X
N300 ; E' DOPPIO RISPETTO ALLO SPOSTAMENTO SULL'ASSE DELLE Z
→ N310 G0 X……… ; DIAMETRO DI PARTENZA DELLO SMUSSO
→ N320 G1 X60 Z-……… ; VALORE DI ARRIVO IN Z
N330
→ N340 G1 Z-……… ; LUNGHEZZA DELLA TORNITURA
→ N350 ; SE IL SECONDO SMUSSO E' DI ……… x45, LA COORDINATA
→ N360 ; IN X DI PARTENZA E'……… MM PRIMA DEL DIAM. DI ARRIVO
→ N370 G1 X……… ; DIAMETRO DI PARTENZA
→ N380 G1 X80 Z-……… ; PUNTO DI ARRIVO IN Z DELLO SMUSSO
N390
N400 G0 X200
N410 G0 Z200
N420
N430 ; COMPRENSIONE DEI VALORI DI ORIENTAMENTO ANGOLARE DEL
MANDRINO
N440
→ N450 ; ESECUZIONE DI 4 FORI SFASATI DI ……… GRADI
N460 ; POSIZIONE DEL PRIMO FORO A ZERO GRADI
N470 ; ORIENTAMENTO ANGOLARE DEL MANDRINO A 0 GRADI
N480 SPOS=0
N490 SETMS(3)
N500
N510 T8 D1; PUNTA RADIALE D.6 DESTRA
N520 G95 S1200 M3
→ N530 G0 Z-……… ; POSIZIONE LONGITUDINALE DEI FORI
N540 STR_FORO1:
N550 G0 X84
→ N560 G1 X……… F0.1 ; DIAMETRO DI ARRIVO DELLA PUNTA
N570 G4 S2
```

```
N580 G0 X84
N590 END_FORO1:
N600
N610 ; POSIZIONE ANGOLARE DEL SECONDO FORO
```
→ **N620 SPOS[1]=.........**
```
N630 REPEAT STR_FORO1 END_FORO1
N640
N650 ; POSIZIONE ANGOLARE DEL TERZO FORO
```
→ **N660 SPOS[1]=.........**
```
N670 REPEAT STR_FORO1 END_FORO1
N680
N690 ; POSIZIONE ANGOLARE DEL QUARTO FORO
```
→ **N700 SPOS[1]=.........**
```
N710 REPEAT STR_FORO1 END_FORO1
N720
N730 G0 X200
N740 G0 Z200
N750
N760 M30
```

Per correggere il programma attendere la fine di questo capitolo.

4.10.3 Duplicare, rinominare e modificare un programma

Normalmente la programmazione di un nuovo pezzo non parte da una pagina vuota. Per ridurre i tempi di avviamento macchina si sceglie spesso di duplicare un programma esistente per poi modificarlo in base al nuovo ciclo di lavoro.

Essendo il secondo programma molto simile ad un programma già esistente, si procede con la sua duplicazione e rinomina, questa procedura è molto utilizzata nelle macchine a controllo numerico.

Premete PROGRAM MANAGER per accedere alla lista dei programmi, con le frecce selezionate la cartella CAP_04 ed apritela con INPUT.

Utilizzando le frecce, selezionate il programma da duplicare PRG_04_01. Premete COPIARE. Con le frecce selezionate la cartella 01_ESERCIZI nella quale duplicare il programma e premete INSERIRE.

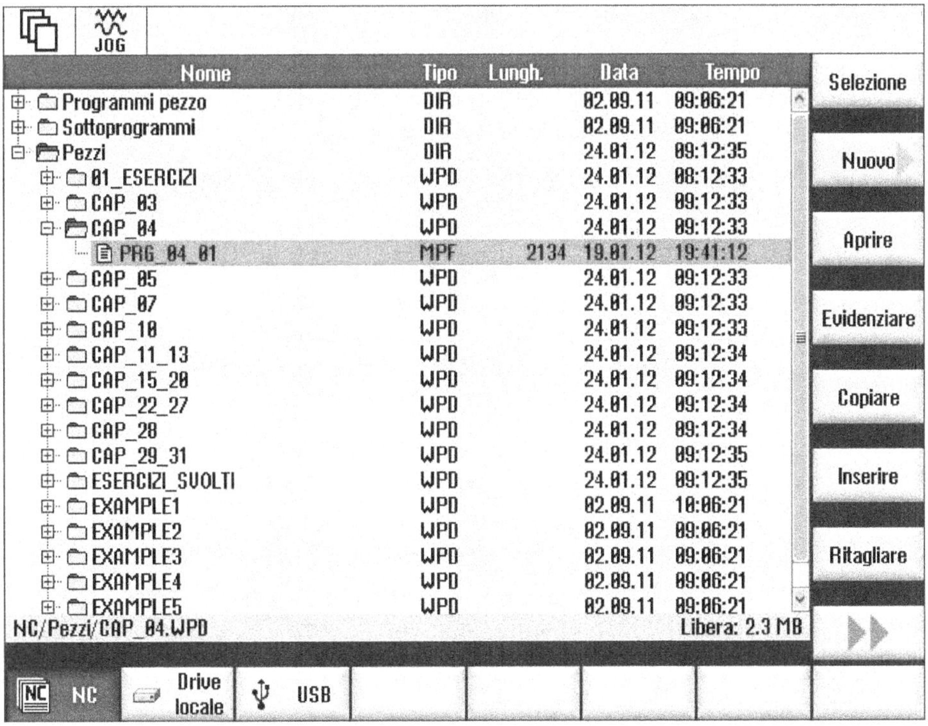

Fig. 32. Visualizzazione dell'ambiente PROGRAM MANAGER

Il programma viene copiato con lo stesso nome.
Selezionate con le frecce il programma appena copiato, per rinominarlo premete l'icona CONTINUA.

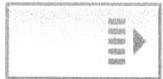

Premete quindi PROPRIETA', appare la seguente finestra che riepiloga le caratteristiche del file. Cliccate con il mouse sul nome del programma e modificatelo in ES_04_01 quindi OK per confermare.

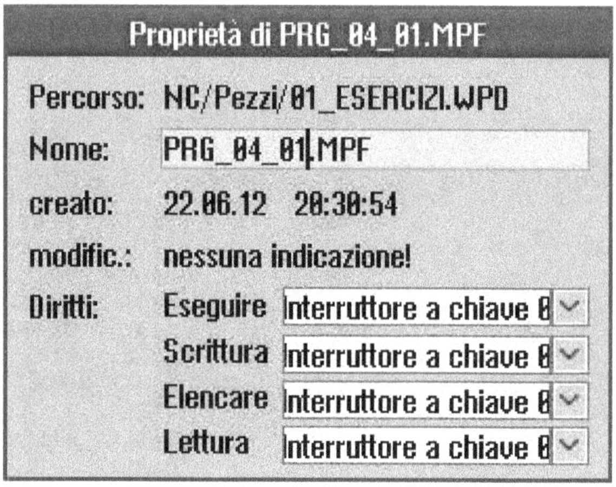

Fig. 33. Finestra riepilogativa delle proprietà del file

Aprite ora il file appena duplicato con INPUT, aiutatevi con i numeri di blocco per trasferire le vostre conclusioni dal libro all'interno del programma ed aggiornate i commenti.
Attivate la modalità blocco singolo ed eseguite la simulazione grafica.
Attenzione: prima di avviare la simulazione grafica assicuratevi di impostare la velocità di esecuzione del profilo al 100% premendo OVERRIDE100% come visto nel paragrafo 3.5.
Verificate i dati inseriti ed apportate le eventuali correzioni. Utilizzate la vista 3D, DETTAGLI e ROTAZIONE per controllare la posizione dei fori.

Confrontate il vostro programma con quello contenuto nella cartella ESERCIZI_SVOLTI, di nome ES_04_01.

5. Concetti di programmazione (3h)

(teoria: 2h, pratica: 1h)

5.1 Elementi che costituiscono un programma

Il programma è costituito da una sequenza d'istruzioni espresse mediante codici alfanumerici che forniscono alla macchina tutte le informazioni necessarie ad eseguire una lavorazione.
Il programma si sviluppa attraverso una sequenza di righe.
Ogni riga si chiama "blocco" (es.: G1 Z-20 G95 F0.1).
Ogni blocco contiene una o più istruzioni definite "parole" (G1, Z-20, G95, F0.1).
Ogni parola è formata da una parte letterale (G, Z, F) chiamata "indirizzo" seguita da un valore numerico (1, -20, 95, 0.1).
Il CN legge il programma partendo dal primo blocco, dopo il completamento delle istruzioni contenute procede sequenzialmente con l'esecuzione delle istruzioni inserite nei blocchi successivi fino ad arrivare alla lettura della funzione di chiusura del programma.

Blocco	Parola	Parola	Parola	; Commento
Blocco	N10	G0	X20	; Primo blocco
Blocco	N20	G2	Z37	; Secondo blocco
Blocco	N30	G91	...	...
Blocco	N40	...	...	
Blocco	N50	M30	...	; Fine programma

Fig. 34. Nomenclatura degli elementi che costituiscono il programma

Ogni programma ha un proprio nome anch'esso costituito da caratteri alfanumerici, non ci sono limitazioni sulla sua lunghezza ma la visualizzazione arriva fino ai primi 24 caratteri. I primi due caratteri devono essere lettere (o una lettera con underscore) seguite da lettere o numeri (esempio: _MPF100, ALBERO, ALBERO_2).

La sequenza degli indirizzi programmata all'interno di un blocco non influisce sull'esecuzione del blocco stesso. Per dare però maggiore chiarezza si consiglia la seguente successione:

N10 G... X... Y... Z... F... S... T... D... M...

Nella seguente tabella sono riportate le prime descrizioni di alcuni degli indirizzi più utilizzati.

Indirizzo	Significato
N	Indirizzo del numero di blocco
10	Numero di blocco
G	Funzione preparatoria
X, Y, Z	Informazione di percorso
F	Avanzamento
S	Numero di giri o velocità di taglio
T	Posizione utensile
D	Numero di correttore utensile
M	Funzione ausiliaria

Fig. 35. Significato di alcuni indirizzi

5.2 Sequenza logica di programmazione

Nella stesura di un programma è sempre consigliabile seguire una precisa sequenza logica che permetta di non tralasciare alcuna istruzione fondamentale.

La prima cosa da definire, in testa al programma, è sicuramente lo **zero pezzo**, in altre parole il punto di coordinate X0 Z0 al quale si riferiscono tutte le quote programmate all'interno del programma; in un tornio questo punto è spesso posto sulla faccia anteriore del pezzo e sull'asse di rotazione del mandrino.

Ogni singola lavorazione viene poi programmata come segue:
richiamo dell'utensile, attivazione del mandrino, impostazione dell'avanzamento utensile, avvicinamento rapido, esecuzione delle lavorazioni ed allontanamento dal pezzo con riposizionamento della slitta nel punto di cambio utensile.

Tutte le lavorazioni successive sono programmate ripetendo la stessa sequenza logica.

5.3 Durata della validità di un'istruzione

5.3.1 Istruzioni modali e gruppi di appartenenza

La maggioranza delle istruzioni rimangono attive anche nei blocchi successivi a quello dove sono programmate, non sarà quindi necessario riprogrammarle fino a quando una funzione dello stesso tipo non le sovrascrive. Queste funzioni sono definite modali.

Le funzioni modali sono cancellate da funzioni appartenenti allo stesso gruppo, ovvero funzioni che definiscono istruzioni simili ma in contraddizione tra di loro.

La funzione G1, che definisce un movimento di lavoro in interpolazione lineare, è cancellata dalla funzione G0, appartenente allo stesso gruppo ma che definisce un movimento rapido di spostamento.

La funzione G95, che imposta l'avanzamento in millimetri al giro, è cancellata dalla funzione G94, appartenente allo stesso gruppo ma che imposta l'avanzamento in millimetri al minuto.

Qui di seguito la lista delle più comuni funzioni modali, elencate secondo il gruppo di appartenenza.

Nome	Significato
G0	Rapido
G1	Movimento di lavoro lineare
G2	Movimento di lavoro circolare in senso orario
G3	Movimento di lavoro circolare in senso antiorario
G33	Filettatura a passo costante
G331	Maschiatura senza utensile compensato
G332	Svincolo (maschiatura) senza utensile compensato
G34	Filettatura con incremento del passo del filetto
G35	Filettatura con decremento del passo del filetto

Fig. 36. Gruppo 1: comando di movimento

Nome	Significato
G17	Selezione del piano 1° - 2° asse geometrico (X-Y)
G18	Selezione del piano 3° - 1° asse geometrico (Z-X)
G19	Selezione del piano 2° - 3° asse geometrico (Y-Z)

Fig. 37. Gruppo 6: selezione dei piani

Nome	Significato
G40	Disattivazione della compensazione raggio utensile
G41	Attivazione della compensazione raggio utensile con utensile a sinistra del profilo
G42	Attivazione della compensazione raggio utensile con utensile a destra del profilo

Fig. 38. Gruppo 7: correzione raggio utensile

Nome	Significato
G500	Disattivazione di tutti i frame impostabili G54...G57, se in G500 non è stato inserito nessun valore
G54	Spostamento origine impostabile
G55	Spostamento origine impostabile
G56	Spostamento origine impostabile
G57	Spostamento origine impostabile

Fig. 39. Gruppo 8: spostamento origine impostabile (frame)

Nome	Significato
G60	Riduzione della velocità, arresto preciso
G64	Funzionamento continuo

Fig. 40. Gruppo 10: arresto preciso – funzionamento continuo

Nome	Significato
G70	Sistema di impostazione in pollici (lunghezze)
G71	Sistema di impostazione metrico (lunghezze)

Fig. 41. Gruppo 13: unità di misura del sistema di riferimento: pollici/mm

Nome	Significato
G90	Impostazione quote assolute
G91	Impostazione quote incrementali

Fig. 42. Gruppo 14: definiz. del sistema di riferimento assoluto/incrementale

Nome	Significato
G94	Avanzamento lineare in mm/min o pollici/min
G95	Avanzamento al giro in mm/giro o pollici/giro
G96	Velocità di taglio costante in m/min o foot/min
G97	Numero di giri costante in giri/min

Fig. 43. Gruppo 15: tipo di avanzamento e di rotazione

5.3.2 Istruzione autocancellante

Al contrario delle funzioni modali, **le funzioni autocancellanti sono valide solamente nel blocco dove sono programmate**.
Le funzioni di tipo autocancellante più utilizzate sono tre.
La prima è G4 che definisce il tempo di sosta espresso in secondi o in giri del mandrino; nel momento in cui finisce il tempo di sosta programmato, la funzione si cancella automaticamente senza che questa sia ripetuta nel blocco successivo.
La seconda è G9 che, inserita in un determinato blocco, imposta un arresto preciso sul punto di arrivo programmato.
La terza è G53 che definisce il sistema di coordinate macchina solamente nel blocco in cui è programmata.

Nome	Significato
G4	Tempo di sosta programmato
G9	Arresto preciso solo nel blocco dove è programmato
G53	Soppressione del frame attuale

Fig. 44. Istruzioni autocancellanti

5.4 Tipi di istruzioni

Le funzioni possono anche essere raggruppate in base al tipo di comando che impostano. Qui di seguito sono descritti i gruppi che più le rappresentano.

5.4.1 Le istruzioni tecnologiche

Sono raggruppate sotto il nome di istruzioni tecnologiche tutte quelle funzioni che definiscono le condizioni di taglio.
Tra queste troviamo quelle che richiamano la posizione dell'utensile e definiscono il suo correttore (vedi fig. 35), quelle che definiscono la velocità di taglio, il numero di giri del mandrino e l'avanzamento dell'utensile (vedi fig. 43).

5.4.2 Le istruzioni geometriche

Le istruzioni geometriche sono quelle legate alla definizione del sistema di riferimento ed al percorso dell'utensile.
Definiscono il tipo di traiettoria che percorre l'utensile (fig. 36), i piani sui quali l'utensile lavora (fig. 37), l'attivazione della compensazione automatica del raggio utensile (fig. 38), il sistema di riferimento delle quote programmate all'interno del programma (fig. 39), l'accuratezza di

posizionamento dell'utensile (fig. 40 e 44), il tipo di unità di misura utilizzato (fig. 41) ed il significato del valore numerico (fig. 42).

5.4.3 Le istruzioni ausiliarie 'M'
Le istruzioni ausiliarie completano le informazioni contenute all'interno di un blocco.

Con le funzioni 'M' è possibile per esempio attivare il liquido refrigerante, determinare il verso di rotazione del mandrino avendo come riferimento il retro del mandrino stesso, fermare il programma, definirne la fine ed impostare altre funzionalità della macchina.

Il significato della maggior parte delle funzioni viene deciso dal costruttore della macchina, risulta quindi importante far riferimento al manuale della macchina per conoscerne il significato.

Qui di seguito la lista delle istruzioni con funzionalità fisse comuni a più costruttori.

Nome	Significato
M0	Arresto del programma
M1	Arresto opzionale attivato dal pannello di controllo
M3	Rotazione del mandrino in senso orario
M4	Rotazione del mandrino in senso antiorario
M5	Stop rotazione mandrino
M6	Procedura di cambio utensile (se prevista)
M8	Attivazione liquido refrigerante
M9	Stop liquido refrigerante
M30	Fine programma e ritorno all'inizio
M17	Fine sottoprogramma e ritorno al programma principale
M40	Cambio gamma automatico (quando prevista)
M41	Gamma di velocità 1 (se prevista)
M42	Gamma di velocità 2 (se prevista)
M43	Gamma di velocità 3 (se prevista)
M44	Gamma di velocità 4 (se prevista)
M45	Gamma di velocità 5 (se prevista)
M70	Mandrino con passaggio al funzionamento come asse

Fig. 45. Funzioni ausiliarie o miscellanee

5.5 Istruzioni complementari

Oltre alle istruzioni tecnologiche, geometriche ed ausiliarie ci sono una serie di altri comandi che completano la programmazione. Qui di seguito si vede come sia possibile inserire all'interno del programma dei commenti, dei messaggi e la numerazione automatica dei blocchi.

5.5.1 Inserimento di commenti

Per rendere il programma più chiaro e comprensibile si può ricorrere all'inserimento di commenti.
Inserite i commenti alla fine del blocco separandoli dal blocco stesso mediante un punto e virgola (;).
I commenti compariranno nella visualizzazione del blocco attuale durante l'esecuzione del programma.

```
N400 T1 D1 ;utensile sgrossatore
N410 X... Y...
N...
N500 T2 D1 ;utensile finitore
N510 X... Y...
N...
```

5.5.2 Visualizzazione di messaggi

I messaggi possono essere programmati per informare l'operatore sulla lavorazione attualmente in esecuzione.
I messaggi nei programmi sono generati scrivendo all'inizio del blocco il comando MSG e successivamente il testo del messaggio racchiuso tra parentesi tonde e virgolette.

```
N400 MSG ("sgrossatura") ;attivazione del messaggio
N410 X... Y...
N...
N500 MSG () ;cancellazione del messaggio
```

Il testo di un messaggio può essere lungo massimo 124 caratteri, questo verrà visualizzato su due righe da 62 caratteri.

5.6 Numerazione automatica dei blocchi

Il numero di blocco è definito mediante l'indirizzo 'N', questo identifica la posizione del blocco all'interno del programma.

Il numero del primo blocco e l'incremento di numerazione sono definiti dal programmatore.

Prima di far partire la simulazione grafica è sempre consigliabile eseguire la numerazione automatica dei blocchi che, in caso di errore di programmazione, permette al CN di indicare il numero esatto di riga nella quale risiede il problema.

Normalmente il numero del primo blocco ed il valore dell'incremento corrispondono entrambi a dieci, questo permette di inserire manualmente eventuali ulteriori blocchi in fase di modifica del programma.

5.7 Esercitazione pratica

5.7.1 Analisi di un programma

Aperto il programma 'PRG_05_01' contenuto nella cartella 'CAP_05', andate ad individuare tutti gli elementi che costituiscono un programma descritti in questo capitolo.
Attivate la simulazione grafica in blocco singolo ed analizzate i movimenti dell'utensile in base al blocco di programma attuale aiutandovi con i commenti visualizzati.

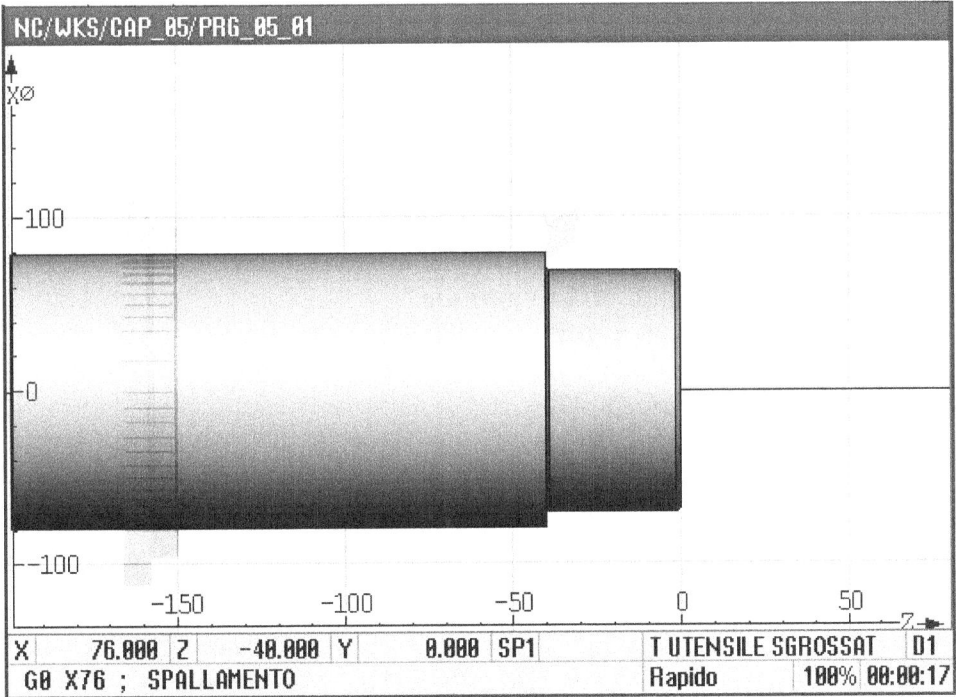

Fig. 46. Avvio della simulazione per analizzare il programma

```
; dimensioni del grezzo:
; XA = 80 diametro della barra
; ZA = 0 sovrametallo sulla faccia anteriore
; ZI = -200 lunghezza del pezzo finito
; ZB = -150 sporgenza dalle griffe

WORKPIECE(,,,"CYLINDER",0,0,-200,-150,80)

G18 G54 G90 ;G54 IMPOSTAZIONE DELLO ZERO PEZZO
G0 X400 Z500
```

```
M8
SETMS(1)

T1 D1 ; UTENSILE SGROSSATORE SINISTRO
G95 S1800 M4 ;IMPOSTAZIONE ROTAZIONE MANDRINI ED AVANZAMENTO
F0.2 ; IMPOSTAZIONE AVANZAMENTO
G0 X82 Z0 ; AVVICINAMENTO
G1 X-1; LAVORAZIONE: SFACCIATURA
G0 X66 Z2 ; ALLONTANAMENTO
G0 Z0.5 ; AVVICINAMENTO
G1 Z0 ; INIZIO LAVORAZIONE
G1 X70 Z-2 ; SMUSSO ESTERNO 2x45
G1 Z-40 ; TORNITURA
G0 X76 ; SPALLAMENTO
G1 X82 Z-43 ; SMUSSO ESTERNO 2x45
G0 X200 ; ALLONTANAMENTO
G0 Z200
M30
```

5.7.2 Numerazione automatica dei blocchi

In questo esercizio si apprende la procedura per eseguire la numerazione automatica dei blocchi di un programma.
Copiate il programma appena analizzato PRG_05_01 nella cartella 01_ESERCIZI seguendo la procedura descritta nel paragrafo 4.10.3.
Rinominatelo in ES_05_01.
Apritelo con INPUT.

Premete CONTINUA:

Quindi RINUMERARE tra i softkey verticali:

Viene visualizzata la finestra di numerazione dei blocchi:

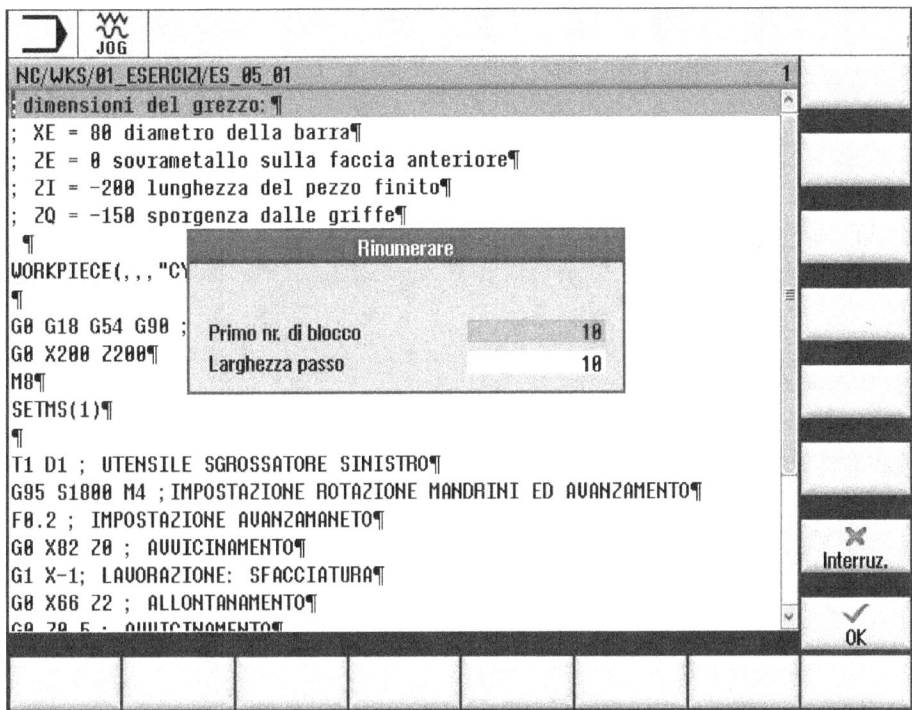

Fig. 47. Schermata di numerazione automatica dei blocchi

Nel campo "Primo nr. di blocco" indicate il numero di partenza della numerazione.
- Inserite 10 e premete INPUT.

Nel campo "larghezza passo" indicate il valore dell'incremento di conteggio.
- Inserite 10 e premete INPUT.

- Premete il tasto OK per eseguire la numerazione automatica dei blocchi.

Confrontate il vostro programma con quello contenuto nella cartella ESERCIZI_SVOLTI, di nome ES_05_01.

5.7.3 Cancellazione dei numeri di blocco

Per eventualmente cancellare i numeri di blocco arrivate fino alla schermata riportata in Fig. 47.
Inserite in entrambi i campi il valore '0' (zero) e confermate con il tasto OK.
La numerazione dei blocchi viene cancellata.

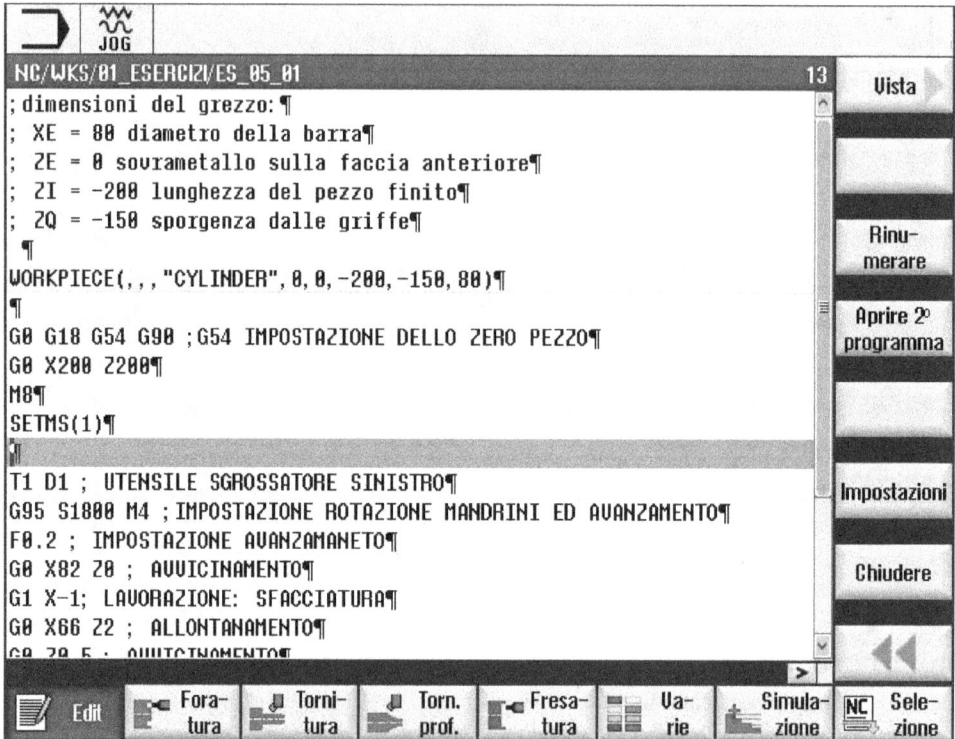

Fig. 48. Programma senza numeri di blocco

6. Sistemi di coordinate (2h)
(teoria: 1h, pratica: 1h)

6.1 Sistema di coordinate macchine (SCM)

Ogni macchina a controllo numerico ha un punto caratteristico al quale si riferiscono tutti gli spostamenti degli assi. Questo punto è lo **zero macchina**, ovvero il punto di coordinate X0, Z0, C0.

Senza spostamenti origine attivi all'accensione della macchina, questo è l'unico punto al quale si riferiscono le slitte portautensili.

Tutte **le slitte hanno un punto caratteristico** che è quello noto al CN, le coordinate visualizzate sullo schermo esprimono la distanza tra il punto caratteristico della slitta e lo zero macchina.

Il sistema di riferimento che si genera è chiamato sistema di coordinate macchina, questo è impostato dal costruttore e modificabile dall'operatore esclusivamente tramite programma.

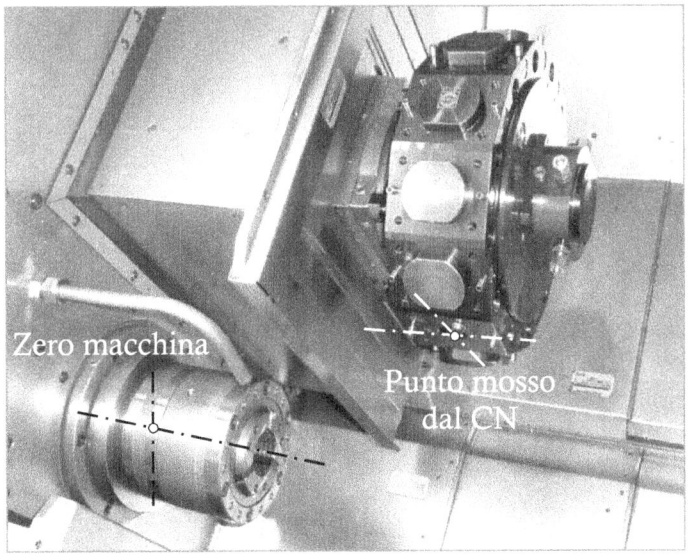

Fig. 49. Sistema di coord. macchina: punto mosso dal CN riferito allo zero macchina

Il sistema di coordinate macchina è quindi indipendente dalla lunghezza del pezzo e dalle dimensioni dell'utensile, non viene utilizzato durante la lavorazione del pezzo ma per l'esecuzione di posizionamenti di sicurezza o posizionamenti generici all'interno dell'area di lavoro.

6.1.1 Zero macchina
Lo zero macchina in un tornio si trova generalmente sulla faccia del naso del mandrino e sull'asse principale di rotazione (Fig. 50.1).
Il naso del mandrino è l'organo di centraggio sul quale si montano le differenti applicazioni di presa del pezzo.
La posizione dello zero macchina è scelta dal costruttore che predilige un punto solidale al basamento della macchina, indipendente dalle dimensioni dell'attrezzatura usata per trattenere il pezzo (Fig. 50.2.3.4).

Fig. 50.   1: Naso del mandrino ; 2: autocentrante a tre griffe ; 3: Pinza elastica per presa esterna ; 4: Pinza elastica ad espansione per presa interna al pezzo

6.1.2 Punto caratteristico della slitta

Il CN in realtà non muove l'intera slitta ma un suo punto caratteristico. La sua posizione rispetto allo zero macchina è quella visualizzata nel sistema di coordinate macchina.

Il punto mosso dal CN è posizionato dal costruttore in una posizione logica e facilmente individuabile della slitta.

Indubbiamente una delle posizioni più logiche e facilmente individuabili di una torretta rotante è il suo centro di rotazione. Un altro è anche il centro del foro di attacco del portautensile.

La macchina in oggetto, come riportato precedentemente nella figura 49, ha il punto mosso dal CN nel centro del foro di attacco del portautensili (sull'asse Z) e sul piano esterno del poligono (sull'asse X).

La posizione del punto mosso dal CN varia nelle differenti macchine ed è molto importante per l'operatore conoscerne la sua ubicazione; fate quindi riferimento al manuale del costruttore.

6.2 Sistema di coordinate pezzo (SCP)

Il sistema di coordinate macchina è inutilizzabile nella definizione del percorso utensile. **Tutte le lavorazioni infatti sono sempre programmate nel sistema di coordinate pezzo che si ottiene spostando lo zero macchina sulla faccia anteriore del pezzo ed il punto caratteristico della slitta sulla punta dell'utensile.**

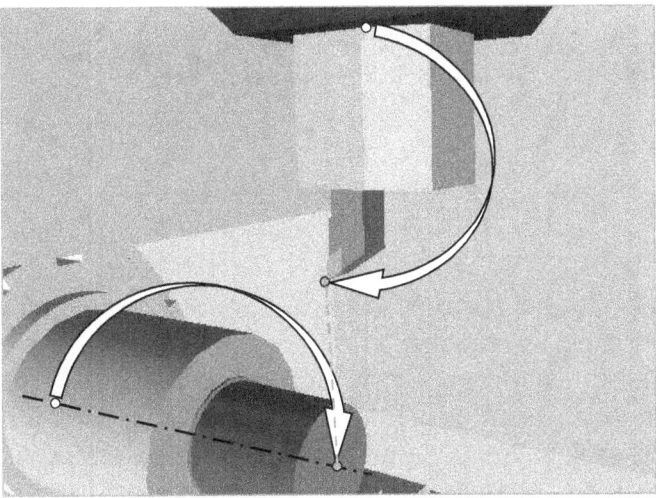

Fig. 51. Sistema di coord. pezzo: punta dell'utensile riferita allo zero pezzo

6.2.1 G54 - G57: definizione dello zero pezzo

Le funzioni G54, G55, G56 e G57 offrono la possibilità di spostare lo zero macchina. La posizione migliore di trasferimento è sulla faccia anteriore del pezzo. Questo nuovo punto è chiamato zero pezzo.

Lo zero pezzo è il punto di coordinate X0, Z0, al quale si riferiscono tutte le quote programmate dopo l'attivazione di una delle funzioni sopra elencate.

In un tornio la posizione di X0 non viene normalmente cambiata ma lasciata sull'asse di rotazione del pezzo.

Viene invece traslata la posizione zero lungo l'asse Z, **il valore di spostamento sull'asse Z equivale alla distanza che c'è tra la faccia del pezzo e lo zero macchina.**

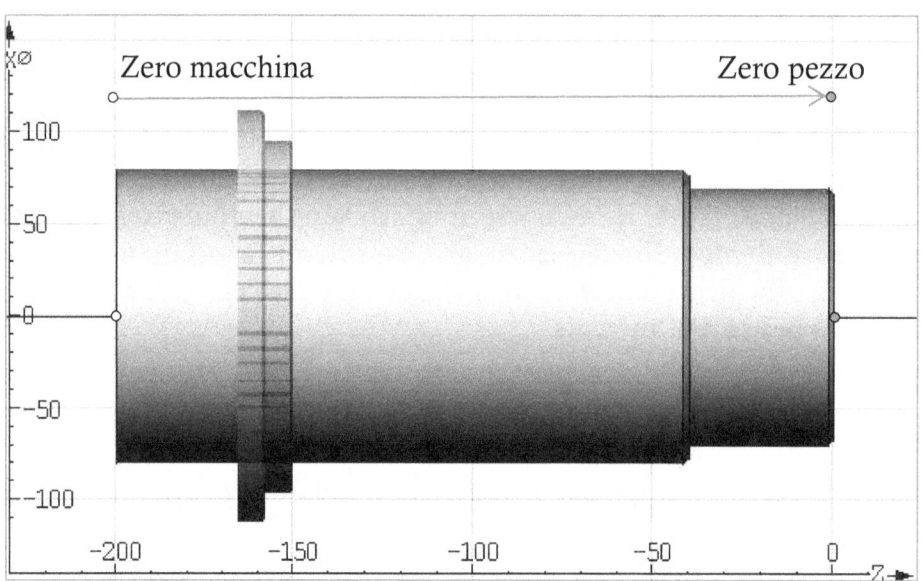

Fig. 52. Definizione dello zero pezzo

Le funzioni G54, G55, G56 e G57 sono modali, appartengono tutte allo stesso gruppo e si sovrascrivono tra di loro.

In ogni programma solitamente ne viene utilizzata una (la più comune è G54), oppure, nel caso di differenti prese pezzo eseguite all'interno dello stesso ciclo (prima si esegue la lavorazione della parte anteriore, si gira il pezzo e si esegue quella posteriore) se ne programmeranno due o più.

In base alle scelte del costruttore la funzione G54 potrebbe essere già attiva all'accensione della macchina e quindi non è necessario scriverla all'inizio del programma.

Una tabella esterna al programma ospita i valori di spostamento che l'operatore andrà ad inserire. **Per arrivarci premere sul pannello di controllo OFFSET, quindi il softkey orizzontale SPOST. ORIG., poi il softkey verticale G54..G57.**

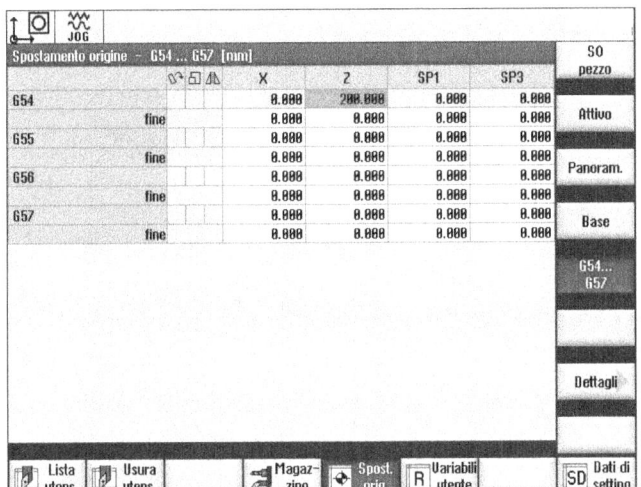
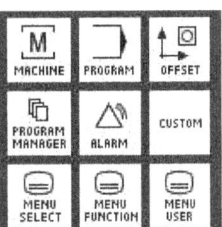

Fig. 53. Tabella degli spostamenti origine

In questa tabella, in fianco alla funzione, si trovano diverse colonne che offrono la possibilità di spostare lo zero macchina su tutti gli assi definiti nel CN, incluso un valore angolare riferito al mandrino principale (SP1) e agli utensili motorizzati (SP3). Nella seconda riga, per ogni funzione, si ha la possibilità di inserire delle correzioni al valore principale.

Visto ciò è necessario dire che, nella maggioranza dei casi, si utilizza esclusivamente lo spostamento origine sulle Z.

Nella stessa pagina, premendo il softkey verticale BASE, si trova anche lo spostamento origine di base, alcune volte utilizzato dall'operatore per traslare lo zero macchina dal naso del mandrino alla faccia anteriore delle griffe. Le funzioni da G54 a G57 incrementeranno successivamente lo spostamento 'base' fino alla faccia del pezzo.

La funzione G500 invece disabilita qualsiasi spostamento origine (quando al suo interno il costruttore non ha inserito nessun dato).

6.2.2 Azzeramento utensile

Il percorso utensile è descritto programmando gli spostamenti della punta dell'utensile riferita alla faccia anteriore del pezzo.

Gli utensili montati in macchina sono differenti per forma e dimensione e questo è un dato che si deve comunicare al CN.

Come già visto il CN non muove una slitta ma un suo punto caratteristico. **La posizione del tagliente è definita dalla distanza che c'è tra la punta dell'utensile ed il punto caratteristico della slitta su tutti gli assi sui quali la slitta si muove (in questo caso X e Z).**

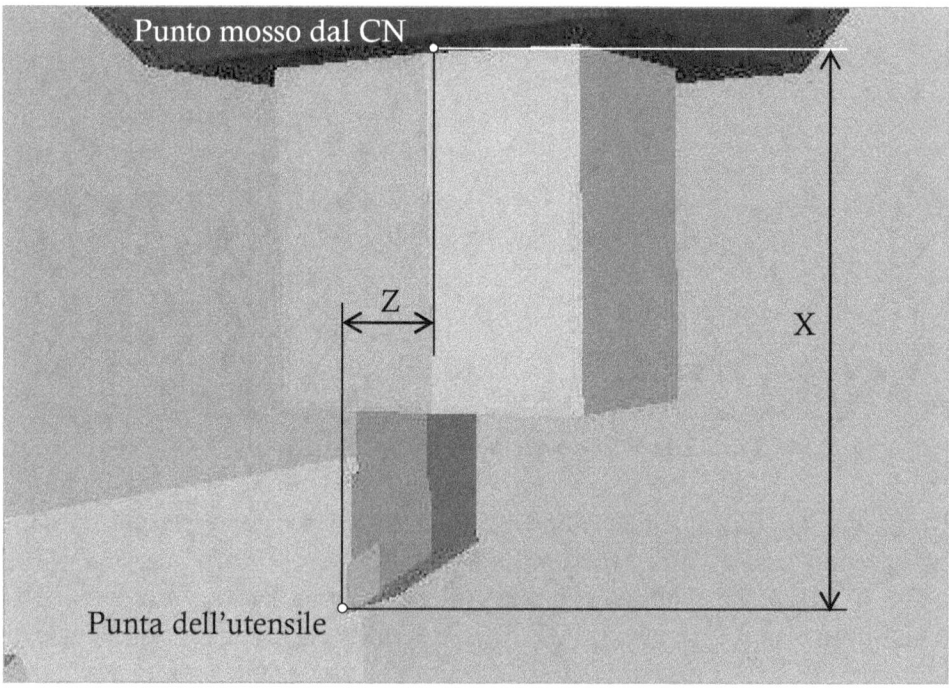

Fig. 54. Valori di azzeramento utensile

I valori di azzeramento in X (per CN Siemens) hanno valore radiale e non diametrale, ovvero corrispondono alla distanza reale tra la punta dell'utensile e il punto mosso dal CN.

Questi valori vengono inseriti dall'operatore nella tabella degli azzeramenti utensile dove inoltre sono definiti anche il raggio dell'inserto e alcuni dati relativi alla descrizione grafica dell'utensile, necessari per eseguire una corretta simulazione.

6.3 Esercitazione pratica

6.3.1 Definizione dello zero pezzo, utilizzo di MDA e JOG

Prima di definire lo zero pezzo è necessario conoscere come utilizzare il modo operativo MDA ovvero l'ambiente operativo che permette di inserire manualmente dei dati.

L'MDA è molto utilizzato per eseguire piccoli programmi, richiamare in posizione gli utensili e attivare funzioni quali gli spostamenti origine.

Per rilevare la distanza tra la faccia del pezzo e lo zero macchina si richiama un utensile precedentemente azzerato, si sfiora la faccia del pezzo e si copia la posizione attuale della punta dell'utensile nella tabella degli spostamenti origine, in fianco alla funzione G54, sotto la colonna delle Z.

Da pannello di controllo premere il tasto MDA posto sotto lo schermo del CN: viene visualizzata la pagina che mostra la posizione degli assi ed il cursore che lampeggia pronto per l'inserimento dei dati in manuale.

Scrivete ora T1D1 che è la funzione per richiamare in posizione l'utensile ed attivare i relativi valori di azzeramento.

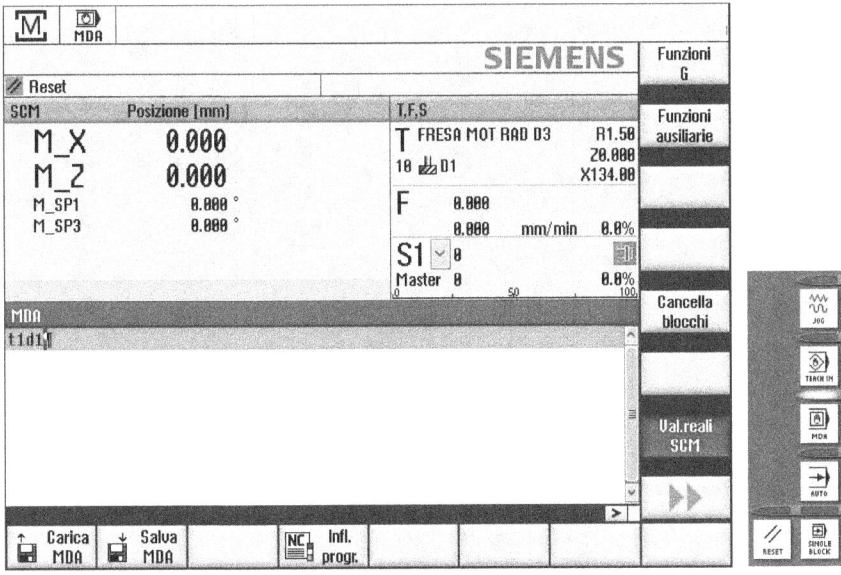

Fig. 55. Pagina per l'inserimento manuale dei dati

Premete ora il tasto CYCLE START per far eseguire l'istruzione. Ora la torretta ha ruotato fino a posizionare l'utensile sull'asse di rotazione del mandrino.

Premete RESET, per liberare il controllo dallo stato di esecuzione del blocco programmato.

Andate ora teoricamente a sfiorare la faccia del pezzo muovendo l'utensile prima in X e poi in Z.

Premete il tasto JOG.
Selezionate l'asse con il quale intendete muovervi (X o Z).
Premete il tasto verde che abilita la rotazione mandrini.
Premete il tasto verde che abilita gli avanzamenti.
Ruotate con il mouse i potenziometri (override) dei mandrini e degli avanzamenti al 100%.

Controllate che i led luminosi indichino l'attivazione dei pulsanti così come riportato nella seguente figura.

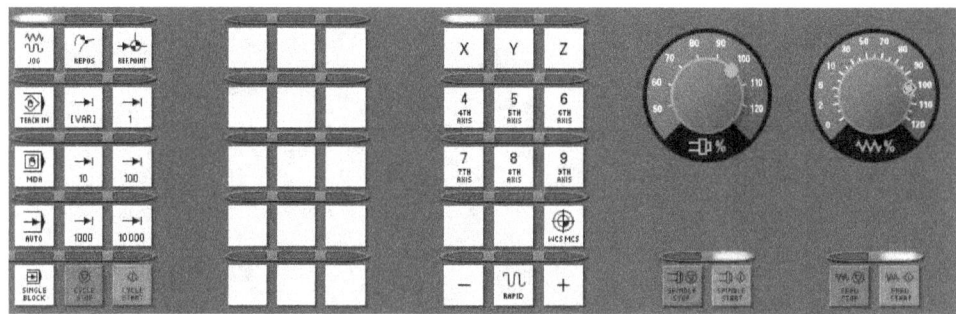

Fig. 56. Pulsanti per la selezione dell'avanzamento manuale continuo

Ora muovete l'asse selezionato con i pulsanti più e meno.

Supponete ora di andare a sfiorare la faccia del pezzo. Se gli assi si muovono troppo velocemente, riducete il potenziometro degli avanzamenti proprio come si farebbe su una macchina reale.
Portate il valore degli assi a X30 e Z200 assicurandovi di visualizzare le quote in coordinate pezzo come descritto nel paragrafo seguente.

6.3.2 Visualizzazione della posizione in SCM e SCP

La posizione attuale della slitta può essere visualizzata in coordinate macchina o in coordinate pezzo.
Premendo il tasto **VAL. REALI SCM,** posto tra i softkey verticali, si cambia il sistema di riferimento.
Deselezionate il tasto ed assicuratevi di essere in coordinate pezzo.
Procedere ora col portare la slitta ad una posizione teorica di sfioro della faccia del pezzo (ad esempio Z200). **Per arrivare esattamente a Z200 selezionate uno dei pulsanti che impostano l'avanzamento per incrementi, espresso sui tasti in millesimi di millimetro (10, per esempio, indica un centesimo alla volta).**

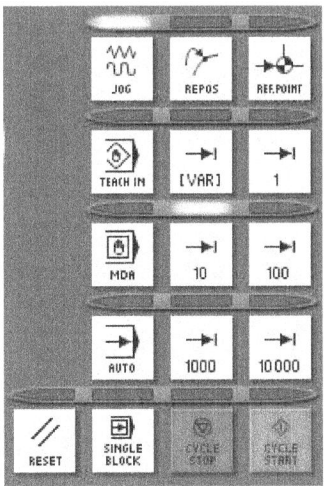

Fig. 57. Pulsanti per la selezione dell'avanzamento manuale per incrementi

Scrivete questo valore (200) nella tabella degli spostamenti origine, in fianco alla funzione utilizzata nel programma (G54) e nella colonna delle Z (vedi figura 53).

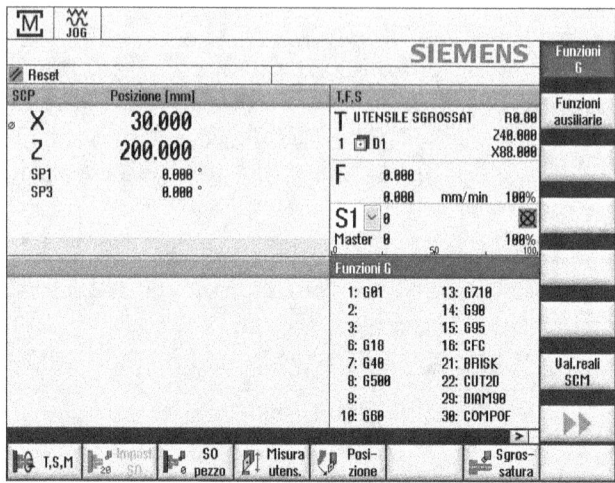

Fig. 58. Posizione teorica di sfioro della faccia del pezzo in coordinate pezzo

Premete il tasto MACHINE da pannello di controllo per tornare alla posizione degli assi. Ripremete il tasto VAL.REALI SCM selezionando il sistema di coordinate macchina. La prima differenza da notare è che la posizione delle X viene espressa in maniera radiale e non diametrale come invece accade nel sistema di coordinate pezzo. La seconda è che la posizione in X e Z varia esattamente del valore di azzeramento dell'utensile contenuto nella tabella delle geometrie X=(30/2)+88=103.

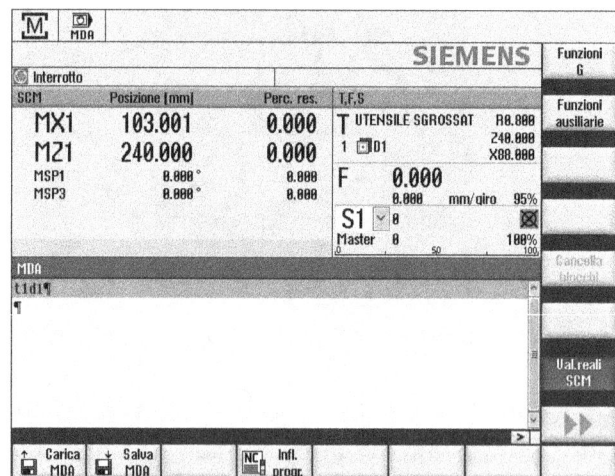

Fig. 59. Posizione teorica di sfioro della faccia del pezzo in coordinate macchina

Ritornate ora in MDA premendo l'apposito tasto.
Deselezionate il tasto VAL. REALI SCM.
Programmate G54 T1D1 e premete CYCLE START (si stanno attivando la funzione di spostamento origine appena impostata ed i valori di azzeramento dell'utensile).

La posizione attuale dell'utensile sull'asse Z è divenuta zero. Come si vede ora lo zero pezzo risiede proprio sulla faccia anteriore del pezzo appena sfiorata.

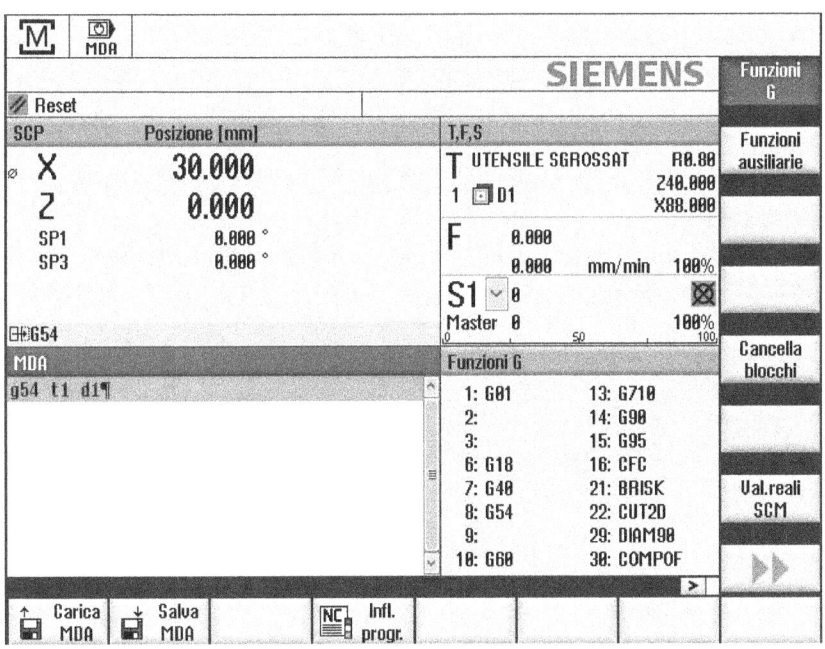

Fig. 60. Posizione attuale dell'utensile dopo l'attivazione del sistema di coordinate pezzo programmata in MDA

Attenzione: prima di continuare premete RESET, per liberare il controllo dallo stato di esecuzione del blocco programmato.

6.3.3 Azzeramento utensile mediante sfioro del pezzo

Per ottenere i valori di azzeramento utensile in X e Z è possibile misurare manualmente la distanza che c'è tra la punta dell'utensile ed il punto mosso dal CN come visualizzato nella figura 54.

Un'altra procedura molto utilizzata consiste nello sfiorare il pezzo, inserire la quota di sfioro e far calcolare il dato automaticamente alla macchina.

Sulla X, la quota da inserire per effettuare il calcolo è il diametro al quale l'utensile ha toccato il pezzo.

Sulla Z, la quota da inserire è la distanza tra la faccia sfiorata e lo spostamento origine attivo oppure lo zero macchina.

Avendo a disposizione un simulatore, eseguire una procedura operativa richiederebbe uno sforzo di immaginazione eccessivo che rischierebbe di confondere invece che insegnare.

E' sufficiente sapere che questa procedura parte dalla schermata riportata nella figura 61.

Per raggiungerla premete OFFSET dal pannello di controllo, selezionate l'utensile da azzerare e premete il softkey MISURA UTENSILE.

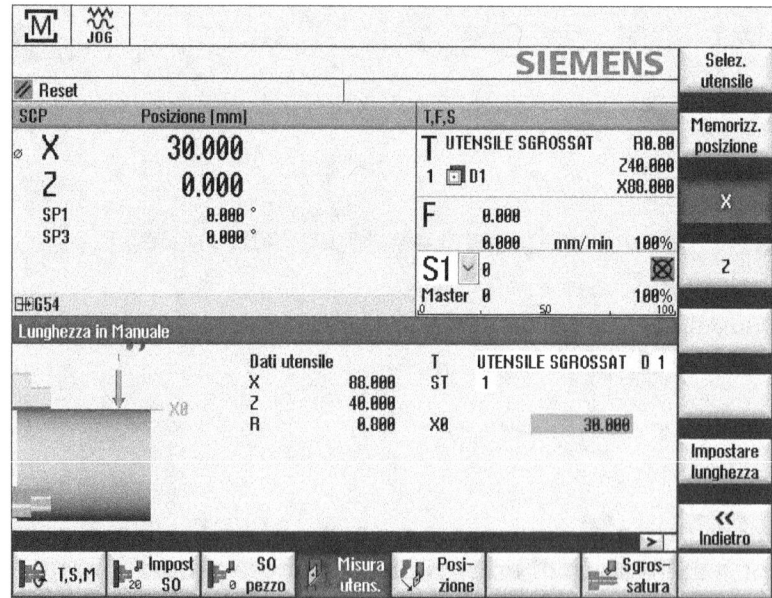

Fig. 61. Pagina di azzeramento automatico mediante sfioro del pezzo

7. Richiamo degli utensili (2h)
(teoria: 1h, pratica: 1h)

7.1 Introduzione
Secondo la sequenza logica di programmazione riportata nel paragrafo 5.2, dopo la definizione dello zero pezzo, all'inizio di ogni operazione, si richiama l'utensile ed il suo correttore.

7.2 T: richiamo dell'utensile e funzione M6
Mediante l'indirizzo 'T', seguito dal numero della posizione in cui si trova l'utensile, si attiva la sequenza dei movimenti che permettono di utilizzare quell'utensile in lavorazione.

Se la macchina è dotata di torretta rotante (come in questo caso), alla lettura dell'istruzione T la torretta ruota per portare l'utensile sull'asse di rotazione del pezzo.

E' utile ricordare che il movimento rotatorio della torretta rappresenta un'operazione ad alto rischio di collisioni. Per questo è buona regola, prima di richiamare l'utensile, spostare la torretta in una posizione di sicurezza normalmente programmata in coordinate macchina.

Altre tipologie di torni sono invece dotati di magazzino utensili esterno all'area di lavoro, questo ospita un maggior numero di posizioni disponibili ma necessita di un tempo più lungo per il cambio utensile. In questo caso la procedura di posizionamento dell'utensile non è costituita dalla semplice rotazione della torretta ma da una sequenza di azioni quali il posizionamento automatico alle coordinate di cambio utensile, lo sblocco pneumatico del cono di attacco, la movimentazione del magazzino alla posizione di deposito utensile e la rimanente procedura di prelievo di quello programmato.

Questa lunga sequenza di operazioni è comunemente attivata dalla funzione ausiliaria M6 che in alcune macchine è da associare all'istruzione di richiamo dell'utensile.

La torretta della macchina presa in esame dispone di venti posizioni.
I torni più diffusi in commercio dispongono di torrette rotanti a sei, otto e dodici posizioni. Il numero di utensili che si possono montare in macchina rappresenta un dato molto importante perché esprime il numero massimo di lavorazioni che il tornio è in grado di eseguire all'interno di un ciclo di lavoro.
Per arrivare alla pagina dove sono elencati gli utensili premere il tasto OFFSET sul pannello di controllo e poi LISTA UTENSILI tra i softkey orizzontali.

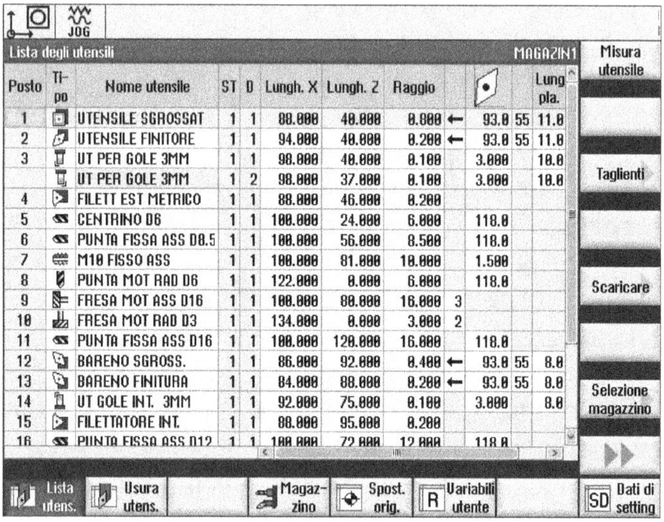

Posto	Tipo	Nome utensile	ST	D	Lungh. X	Lungh. Z	Raggio				Lung pla.
1		UTENSILE SGROSSAT	1	1	80.000	40.000	0.800	←	93.0	55	11.0
2		UTENSILE FINITORE	1	1	94.000	40.000	0.200	←	93.0	55	11.0
3		UT PER GOLE 3MM	1	1	98.000	40.000	0.100		3.000		10.0
		UT PER GOLE 3MM	1	2	98.000	37.000	0.100		3.000		10.0
4		FILETT EST METRICO	1	1	88.000	46.000	0.200				
5		CENTRINO D6	1	1	100.000	24.000	6.000		118.0		
6		PUNTA FISSA ASS D8.5	1	1	100.000	56.000	8.500		118.0		
7		M10 FISSO ASS	1	1	100.000	81.000	10.000		1.500		
8		PUNTA MOT RAD D6	1	1	122.000	0.000	6.000		118.0		
9		FRESA MOT ASS D16	1	1	100.000	80.000	16.000	3			
10		FRESA MOT RAD D3	1	1	134.000	0.000	3.000	2			
11		PUNTA FISSA ASS D16	1	1	100.000	120.000	16.000		118.0		
12		BARENO SGROSS.	1	1	86.000	92.000	0.400	←	93.0	55	8.0
13		BARENO FINITURA	1	1	84.000	88.000	0.200	←	93.0	55	8.0
14		UT GOLE INT. 3MM	1	1	92.000	75.000	0.100		3.000		8.0
15		FILETTATORE INT.	1	1	88.000	95.000	0.200				
16		PUNTA FISSA ASS D12	1	1	100.000	72.000	12.000		118.0		

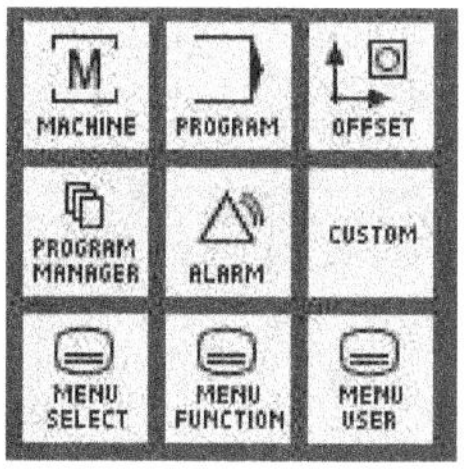

Fig. 62. Pagina lista utensili

La prima colonna indica la posizione fisica dell'utensile.
Si vedrà durante la prossima esercitazione pratica come creare e definire all'interno del CN gli utensili montati in torretta.

7.3 D: richiamo dei valori di azzeramento utensile

Ad ogni richiamo utensile è necessario anche definire la tabella che contiene i suoi dati di azzeramento e la descrizione grafica.
L'indirizzo 'D', seguito dal numero progressivo della tabella delle geometrie, attiva i dati in essa contenuti.
Queste tabelle sono anche chiamate TAGLIENTI poiché definiscono la posizione della punta tagliente pilotata dal CN.

Ad ogni utensile si possono associare più tabelle (fino a nove), questo permette di cambiare la punta del tagliente utilizzata per descrivere il profilo programmato.

L'esempio più semplice per spiegare l'utilizzo di un utensile associato ad un doppio correttore è quello relativo alla realizzazione di una gola.

Spesso, per gestire la larghezza della gola, si preferisce prima pilotare il tagliente di sinistra e poi quello di destra. Si definisce quindi il tagliente di sinistra nella tabella D1 e poi il tagliente di destra nella tabella D2, nella quale si varia esclusivamente il dato di geometria in Z di un valore equivalente allo spessore dell'inserto.

3		UT PER GOLE 3MM	1	1	98.000	40.000	0.100	3.000	10.0
		UT PER GOLE 3MM	1	2	98.000	37.000	0.100	3.000	10.0

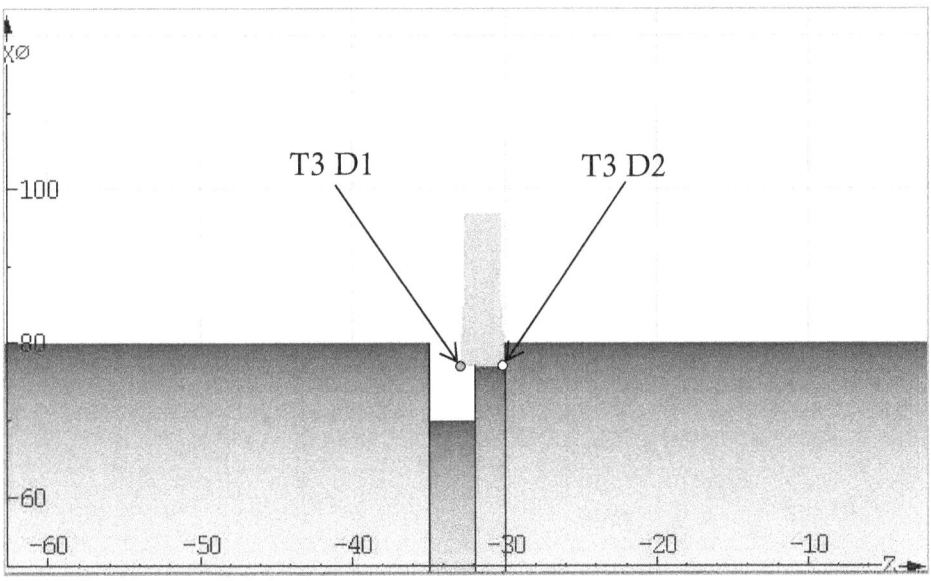

Fig. 63. Doppio correttore usato per un utensile per gole largo tre millimetri

Con il comando D0 si cancellano i valori di azzeramento utensile, tornando a pilotare il punto caratteristico della slitta riferito allo zero di riferimento attivo in quel momento (zero macchina o zero pezzo).

Il seguente programma (inserito nella cartella CAP_07) esegue una gola larga cinque millimetri pilotando prima il tagliente di sinistra (T3 D1) e poi il tagliente di destra (T3 D2).

```
; dimensioni del grezzo:
; XA = 80 diametro della barra
; ZA = 0 sovrametallo sulla faccia anteriore
; ZI = -200 lunghezza del pezzo finito
; ZB = -150 sporgenza dalle griffe

N10 WORKPIECE(,,,"CYLINDER",0,0,-200,-150,80)

N20 G18 G54 G90 ;G54 IMPOSTAZIONE DELLO ZERO PEZZO
N30 G0 X400 Z500
N40 M8
N50 SETMS(1)

N60 T3 D1 ; UTENSILE PER GOLE LARGO 3MM
; LA TABELLA 1 DEFINISCE LA POSIZIONE DEL TAGLIENTE
; DI SINISTRA
N70 G95 S1200 M4
N80 G0 Z-35
N90 G0 X82
N100 G1 X70 F0.12
N110 G0 X82

N120 D2 ; LA TABELLA 2 DEFINISCE LA POSIZIONE DEL TAGLIENTE
; DI DESTRA
N130 G0 Z-30
N140 G1 X70 F0.12
N150 G0 X82

N160 G0 X200
N170 G0 Z200
N180 M30
```

7.4 Correzione usura utensile

Ad ogni tabella di azzeramento utensile è associata una tabella dedicata alle correzioni, questa viene utilizzata dall'operatore per compensare le piccole variazioni di misura su tutti gli assi presenti in macchina causate dalla normale usura dell'utensile.

Per arrivare alla pagina relativa alle correzioni utensile premere il tasto OFFSET sul pannello di controllo e poi USURA UTENS. tra i softkey orizzontali.

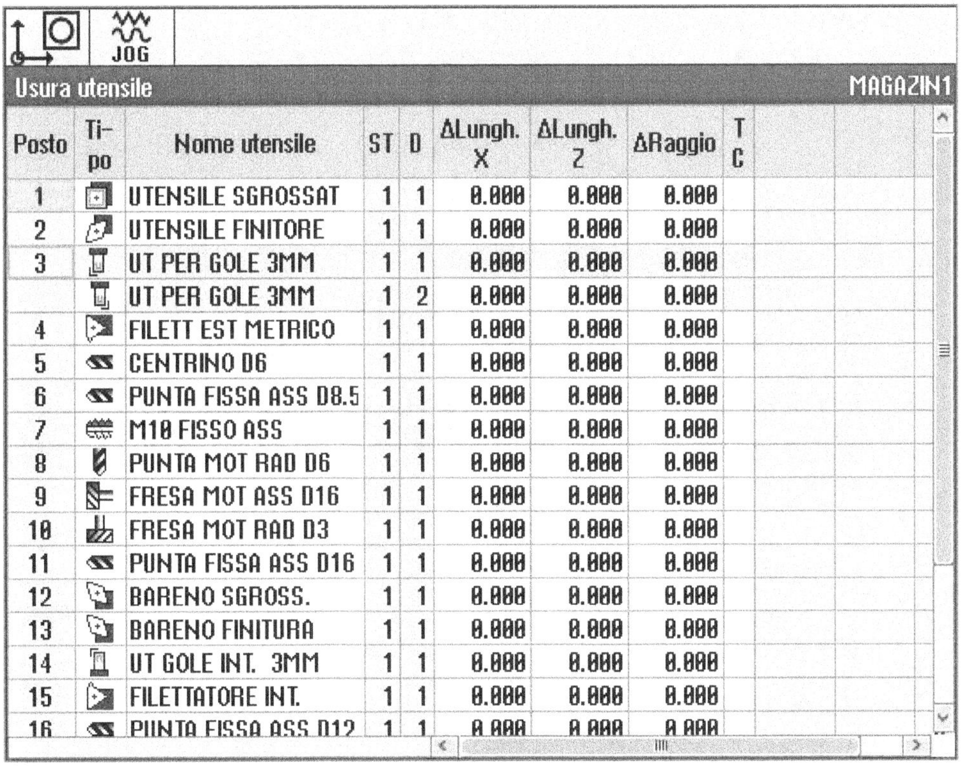

Posto	Ti-po	Nome utensile	ST	D	ΔLungh. X	ΔLungh. Z	ΔRaggio	T C
1		UTENSILE SGROSSAT	1	1	0.000	0.000	0.000	
2		UTENSILE FINITORE	1	1	0.000	0.000	0.000	
3		UT PER GOLE 3MM	1	1	0.000	0.000	0.000	
		UT PER GOLE 3MM	1	2	0.000	0.000	0.000	
4		FILETT EST METRICO	1	1	0.000	0.000	0.000	
5		CENTRINO D6	1	1	0.000	0.000	0.000	
6		PUNTA FISSA ASS D8.5	1	1	0.000	0.000	0.000	
7		M10 FISSO ASS	1	1	0.000	0.000	0.000	
8		PUNTA MOT RAD D6	1	1	0.000	0.000	0.000	
9		FRESA MOT ASS D16	1	1	0.000	0.000	0.000	
10		FRESA MOT RAD D3	1	1	0.000	0.000	0.000	
11		PUNTA FISSA ASS D16	1	1	0.000	0.000	0.000	
12		BARENO SGROSS.	1	1	0.000	0.000	0.000	
13		BARENO FINITURA	1	1	0.000	0.000	0.000	
14		UT GOLE INT. 3MM	1	1	0.000	0.000	0.000	
15		FILETTATORE INT.	1	1	0.000	0.000	0.000	
16		PUNTA FISSA ASS D12	1	1	0.000	0.000	0.000	

Fig. 64. Pagina delle correzioni utensile

Va ricordato che l'eventuale utilizzo di un doppio correttore permette inoltre di correggere lo stesso utensile quando utilizzato per lavorazioni che richiedono una gestione indipendente dalla sua usura, come ad esempio il mantenimento di una tolleranza molto stretta durante la finitura di più diametri.

7.5 Esercitazione pratica

7.5.1 Creazione di un utensile

In tutti gli esercizi fino ad ora svolti si sono utilizzati utensili i cui dati di attrezzaggio sono stati importati da un file esterno mediante le procedure riportate nel paragrafo 3.3.
E' il momento ora di imparare a creare nuovi utensili, definirne i valori di azzeramento ed i dati utilizzati durante la simulazione grafica.

Dopo OFFSET premete l'icona LISTA UTENS.
Per visualizzare l'icona che permette di creare un nuovo utensile è fondamentale che non sia selezionato nessuno degli utensili presenti in macchina.

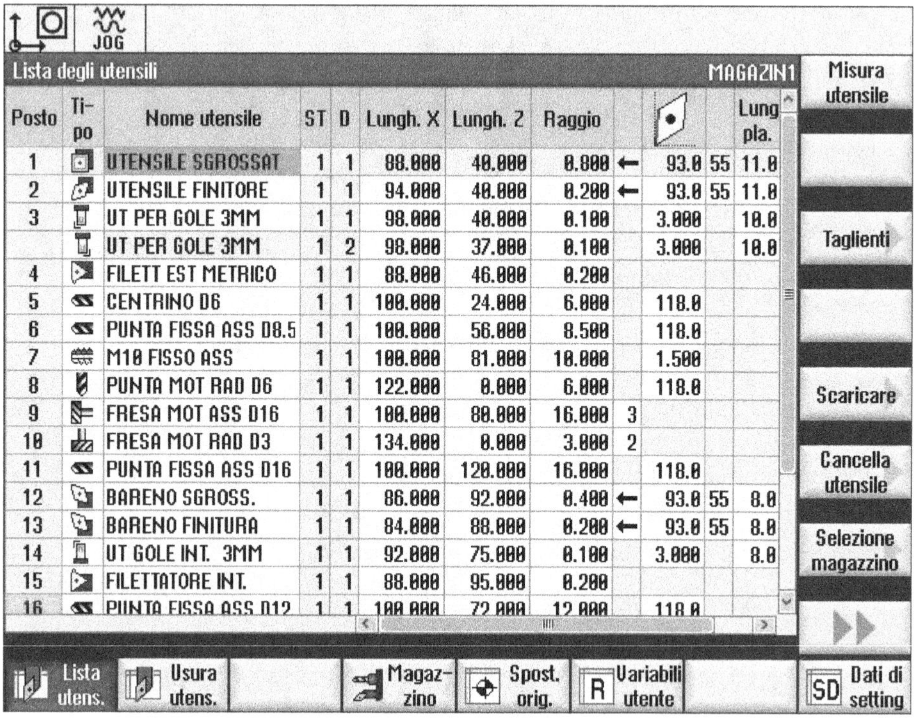

Fig. 65. Impossibilità di creare un nuovo utensile quando uno preesistente è già selezionato

L'icona dalla quale si deve partire è NUOVO UTENSILE.

Per farla comparire è necessario selezionare una posizione vuota della torretta o del magazzino.

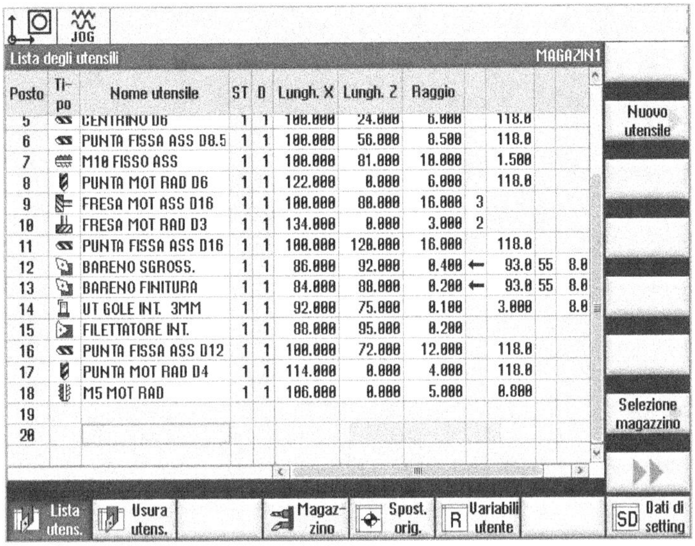

Fig. 66. Selezione di una posizione vuota per la creazione di un nuovo utensile

Quindi premere il softkey verticale NUOVO UTENSILE.

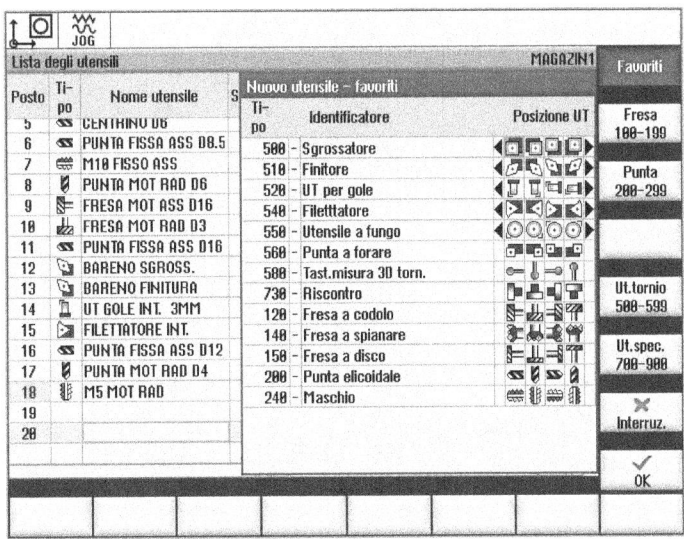

Fig. 67. Scelta della tipologia di nuovo utensile da creare e posizione del tagliente

Il CN propone ora varie tipologie di utensili, principalmente organizzati per tipo di lavorazione svolta (nei favoriti si trovano gli utensili di tornitura, taglio, foratura e lavorazioni speciali), aspetto grafico e posizione del tagliente utilizzato durante la lavorazione.
La posizione del tagliente è estremamente importante ai fini della simulazione grafica.

Scegliete un utensile per gole con punto di azzeramento rivolto in basso a sinistra (il disegno è riferito allo schema di programmazione riportato nel paragrafo 4.9) e premete OK.

Per eventuali ulteriori opzioni premere le frecce di scorrimento:

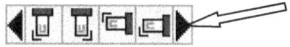

Rinominate l'utensile appena creato con il nome di 'ESEMPIO' per non confonderlo o sovrascriverlo con un altro già esistente.
Confermate sempre la modifica dei dati premendo INPUT.
Definite ora il valore di azzeramento in X (es.: 88 mm), quindi quello in Z (es.: 40 mm), il valore del raggio dell'inserto (es.: 0.1 mm), la larghezza della placchetta (es.: 3 mm) e la sua lunghezza (es.: 10 mm).

| 20 | ⌷ | ESEMPIO | 1 | 1 | 88.000 | 40.000 | 0.100 | 3.000 | 10.0 |

Fig. 68. Creazione di un nuovo utensile

Tralasciate le ultime tre voci relative al senso di rotazione del mandrino ed alla attivazione del refrigerante poiché non utilizzate nella programmazione ISO.

7.5.2 Cancellazione di un utensile
Per cancellare un utensile, selezionate l'utensile con le frecce, premete il softkey verticale CANCELLA UTENSILE e confermate con OK.

7.5.3 Creazione di un secondo correttore utensile

Come già visto nel paragrafo 7.3, ad un utensile si possono associare più spigoli taglienti. Definite ora lo spigolo secondario di un utensile per gole seguendo la seguente procedura:

- Premete il tasto OFFSET

- Assicuratevi di essere in LISTA UTESILI

- Evidenziate con le frecce l'utensile al quale volete associare un ulteriore tagliente

- Premete il softkey verticale TAGLIENTI [Taglienti]

- Premete il softkey verticale NUOVO TAGLIENTE [Nuovo tagliente]

- Viene creata una nuova finestra che riporta i medesimi valori di azzeramento utensile indentificati però dal numero 2 nella colonna delle 'D'.

- Posizionatevi ora nella casella che rappresenta lo spigolo tagliente, premete SELECT e selezionate quello in basso a destra.

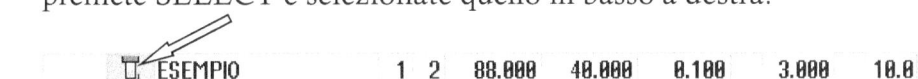

- Variate ora i valori di azzeramento in relazione alla posizione del nuovo spigolo tagliente. In questo caso, il secondo spigolo si trova nella stessa posizione in X e cambia in Z di un valore equivalente alla larghezza dell'inserto. Inserite quindi il nuovo valore 37 (derivato da: 40 – 3) nella colonna delle Z.

7.5.4 Cancellazione di un secondo correttore utensile
Per eliminare un secondo correttore precedentemente creato:

- Posizionatevi con il cursore sul tagliente da cancellare.

20	⊥	ESEMPIO	1	1	88.000	40.000	0.100	3.000	10.0
	⊥	ESEMPIO	1	2	88.000	37.000	0.100	3.000	10.0

- Premete il softkey verticale TAGLIENTI

- Quindi il softkey CANCELLA TAGLIENTE

Attenzione a non cancellare un secondo correttore utilizzando il sofkey CANCELLA UTENSILE.

7.5.5 Montaggio e smontaggio degli utensili in torretta

Le righe comprese tra la uno e la venti rappresentano le posizioni disponibili sulla torretta porta utensili. In quelle successive si trovano elencati tutti gli utensili creati ma non fisicamente montati in torretta, come se questi fossero giacenti in un magazzino esterno alla macchina.

Per rimuovere un utensile dalle prime venti posizioni, selezionate con le frecce l'utensile da smontare e premete il softkey verticale SCARICARE. Al contrario, per montarne uno archiviato nelle successive venti posizioni, selezionate l'utensile e premete il softkey verticale CARICARE, viene quindi proposta in automatico una posizione libera, cambiatela se necessario e confermate con OK.

7.5.6 Salvataggio dei dati di attrezzaggio (solo con licenza)

Nel paragrafo 3.3 è riportata la procedura per importare i dati utensile da un file esterno, ora si vede come salvarli nella cartella dove risiede il programma principale che li ha utilizzati.
Premete PROGRAM MANAGER dal pannello di controllo.
Selezionate la cartella nella quale salvare i dati di attrezzaggio.
Premete ARCHIVIAZ. nella lista dei softkey verticali.
Quindi premete SALVA DATI ATTREZZAG.

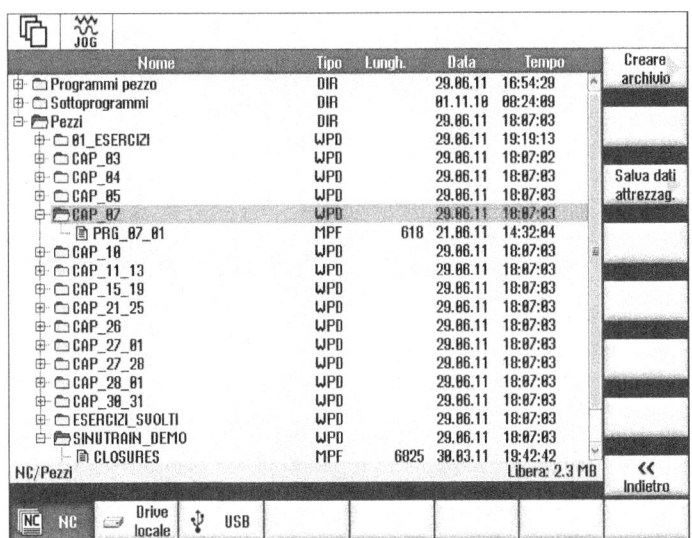
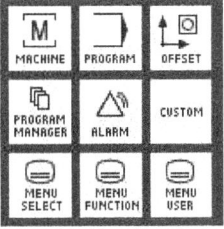

Fig. 69. Salvataggio dei dati di attrezzaggio

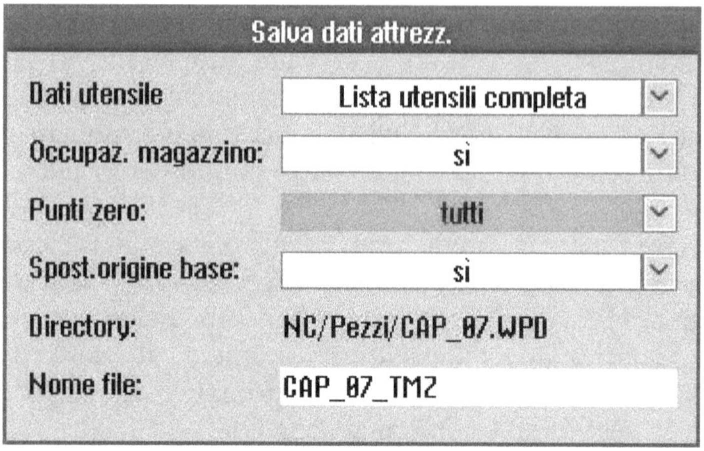

Fig. 70. Finestra di salvataggio dei dati di attrezzaggio

Dati utensile: selezionate con il menù a tendina, o mediante il tasto SELECT posto al centro delle frecce, *Lista utensili completa* per salvare completamente la lista degli utensili presenti in macchina. La selezione *No* indica la volontà di non salvare i dati utensile ma solo i punti zero (da G54 a G57) e gli spostamenti origine di base (BASE).
Spostatevi con le frecce sulle voci successive.

Occupazione magazzino: selezionate con il menù a tendina, o mediante il tasto SELECT, *Si*, questa opzione salva gli utensili e le posizioni di residenza nel magazzino. La selezione *No*, non salva la posizione occupata nel magazzino.

Punti zero: selezionate con il menù a tendina, o mediante il tasto SELECT, *Tutti*, questa opzione permette di salvare i valori di spostamento dell'origine (da G54 a G57). La selezione *No* per non salvare questi dati.

Spostamento origine base: selezionate con il menù a tendina, o mediante il tasto SELECT, *Si*, questa opzione permette di salvare oltre ai valori di spostamento dell'origine degli assi anche quello di base.

Premete quindi OK per salvare i dati attuali.

8. Attivazione dei mandrini (2h)
(teoria: 1.5h, pratica: 0.5h)

8.1 Introduzione

Il numero di giri del mandrino e la posizione diametrale dell'utensile sono i dati che definiscono uno dei parametri di taglio più importanti di una lavorazione: la velocità di taglio.

La velocità di taglio è la velocità con la quale il truciolo scorre sul tagliente dell'utensile.

Il concetto generale di velocità esprime la quantità di spazio percorso nell'unità di tempo.

In un giro, lo spazio percorso da un punto che ruota su un determinato diametro, equivale alla circonferenza che il diametro stesso definisce, calcolata secondo la formula riportata nella seguente figura.

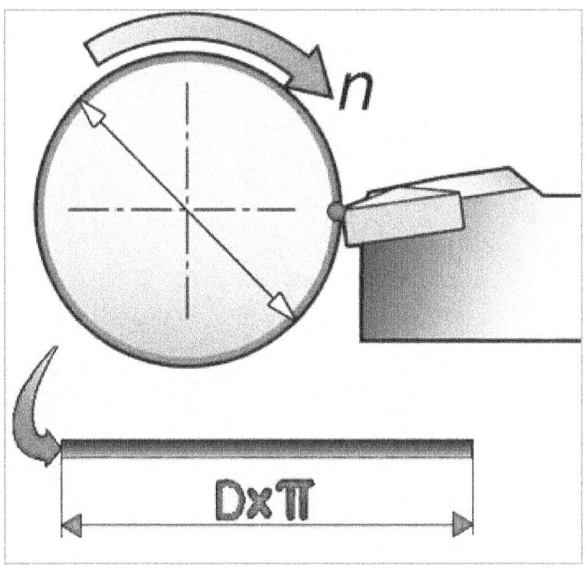

Fig. 71. Spazio percorso dall'utensile in un giro

Moltiplicando la circonferenza per il numero di giri al minuto che compie il mandrino, si ottiene lo spazio totale percorso dall'utensile in un minuto.

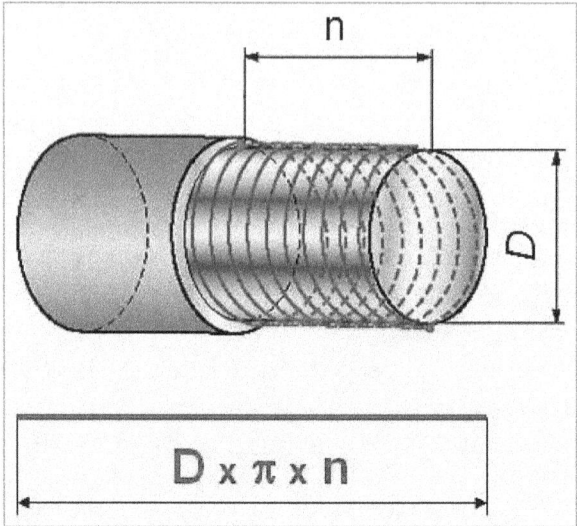

Fig. 72. Spazio percorso dall'utensile in un minuto con pezzo in rotazione

Essendo il diametro espresso in millimetri, si divide questo valore per mille così da ottenere il valore di velocità di taglio espresso in metri al minuto, come nella formula riportata nella seguente figura.

$$V_c = \frac{D \times \pi \times n}{1.000 \times 1} \; \frac{m}{min}$$

Fig. 73. Formula di calcolo della velocità di taglio

Memorizzate questa formula poiché è la base della tecnologia di tornitura.

8.2 SETMS: definizione del mandrino principale

Nel programma, prima di impostare le funzioni di rotazione e di avanzamento in millimetri al giro, è necessario definire il mandrino al quale queste si riferiscono.

La funzione SETMS (Set Master Spindle), seguita dal nome del mandrino, definisce il mandrino principale o mandrino di riferimento.

Nella pagina che mostra le coordinate attuali, insieme agli assi X e Z, sono visualizzate anche le posizioni angolari dei mandrini: SP1 e SP3.

SP1 è il nome del mandrino '1' (mandrino portapezzo).

SP3 è il nome del mandrino '3' (mandrino per utensili motorizzati).

SP2 sarebbe il nome di un eventuale contromandrino presente in macchina.

Attenzione: non tutti i torni utilizzano gli stessi nomi, fate quindi riferimento al manuale del costruttore.

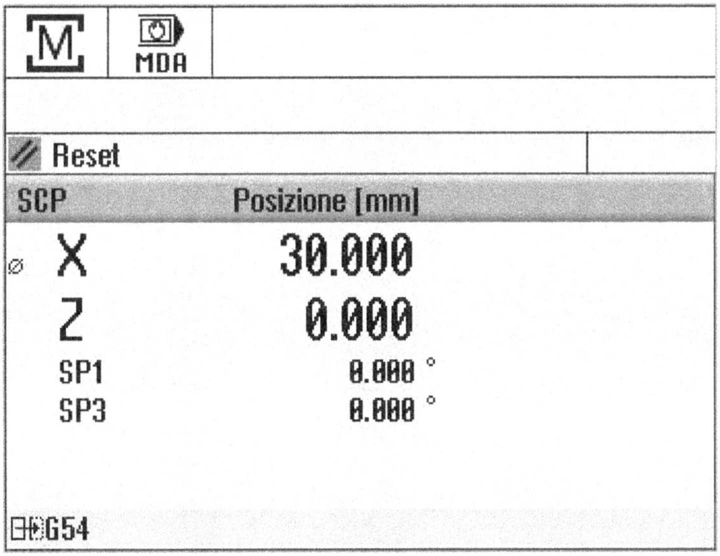

Fig. 74. Nome dei mandrini visualizzato nella pagina delle posizioni attuali

All'inizio dei programmi utilizzati fino ad ora, è sempre programmata la funzione SETMS(1), questa imposta il mandrino che trattiene il pezzo come principale, ovvero dichiara che tutte le funzioni di rotazione e di avanzamento (in mm/giro) programmate successivamente alla sua attivazione si riferiscono al mandrino '1'.

8.3 G97: rotazione mandrino con numero di giri costante

La funzione G97 imposta la rotazione del mandrino ad un numero di giri costante. Il valore del numero di giri è programmato utilizzando l'indirizzo 'S'.

Esempio: **G97 S1000**.

Il verso di rotazione del mandrino verrà spiegato successivamente nel paragrafo 8.6.

La velocità di taglio dipende da:
- materiale da lavorare (alluminio, acciaio, titanio, ecc.),
- materiale dell'utensile utilizzato (HSS, carburi sinterizzati)
- tipo di lavorazione (sgrossatura, finitura, taglio, foratura)
- condizioni di taglio (pezzo molto sporgente dal mandrino)

Il suo valore, suggerito dai costruttori degli utensili o ottenuto dall'esperienza dell'operatore, è l'unico dato certo dal quale partire per il calcolo del numero di giri.

Dalla formula della velocità di taglio si ottiene la formula inversa per il calcolo del numero di giri da utilizzare su un determinato diametro.

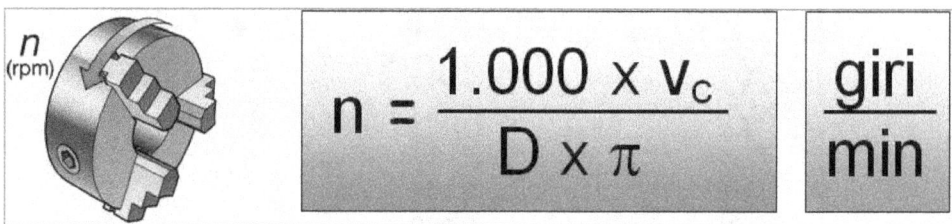

Fig. 75. Formula inversa per il calcolo del numero di giri

Si pone ora la seguente domanda: e se, come nel caso di una sfacciatura o di taglio del pezzo, il diametro cambia durante la lavorazione?

La risposta è che di conseguenza cambierà anche la velocità di taglio. Con numero di giri costante, la velocità di taglio sarà minore su diametri inferiori e maggiore su diametri superiori a quello di calcolo, seguendo l'andamento del grafico riportato nella seguente figura.

In ascisse (l'asse orizzontale) è riportato il valore dei diametri, in ordinate (l'asse verticale) il valore della velocità di taglio.

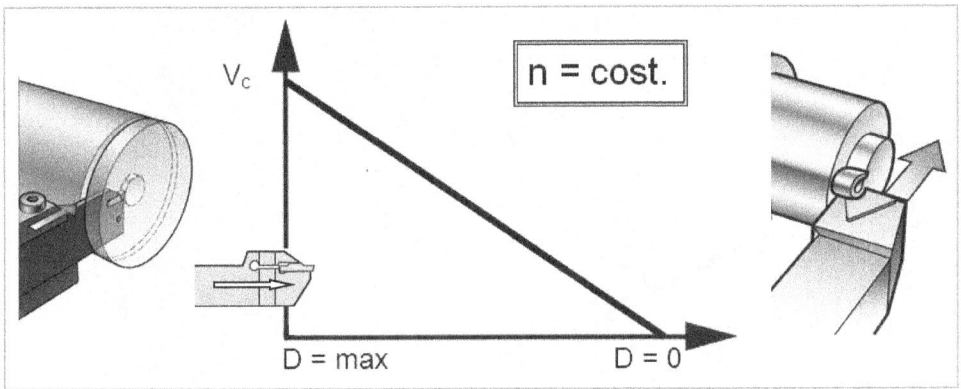

Fig. 76. Grafico dell'andamento della velocità di taglio al variare del diametro di lavorazione, mantenendo il numero di giri costante

8.4 G96: impostazione della velocità di taglio costante

Per mantenere la velocità di taglio costante si deve usare una funzione alternativa ed appartenente allo stesso gruppo di G97.

G96 infatti, seguita dall'indirizzo 'S' e dal valore della velocità di taglio (per esempio: **G96 S120**), delega alla macchina il calcolo del numero di giri necessario a mantenere la velocità di taglio costante in base al diametro sul quale si trova l'utensile.

Dopo la programmazione di G96, il numero di giri si adatta automaticamente al diametro da lavorare: maggiore è il diametro, minore è il numero di giri; minore è il diametro, maggiore è il numero di giri.

Prendendo ora la formula inversa per il calcolo del numero di giri ed ipotizzando di sfacciare fino a diametro 2mm, si ottiene che mantenendo una velocità di taglio costante di 100 metri al minuto il valore di rotazione del mandrino risulta essere di 15923 giri al minuto.

Se si considerasse il diametro zero questo valore risulterebbe addirittura infinito.

E chiaro che l'operatore deve avere la possibilità di definire il numero di giri massimo raggiungibile dal mandrino.

Questa necessità conduce al paragrafo seguente.

8.5 LIMS=: limitazione del numero di giri massimo

Con il comando 'LIMS' viene predefinita una limitazione massima del numero di giri per il mandrino master (per esempio: **LIMS=4000**).
Superato questo limite si avrà un decadimento inevitabile della velocità di taglio secondo il grafico qui di seguito riportato.

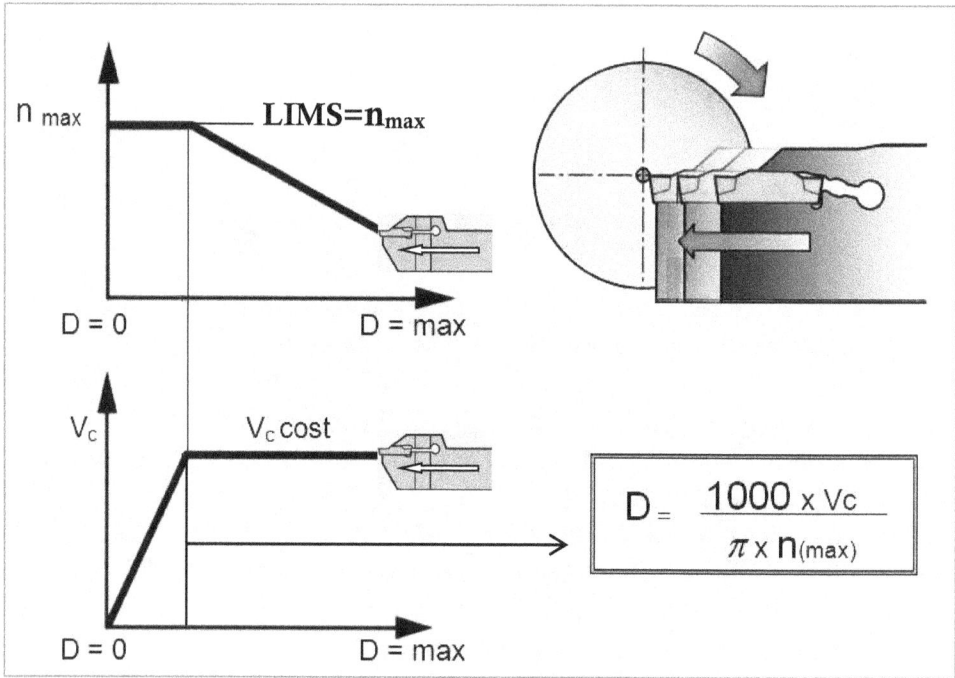

Fig. 77. Grafico dell'andamento della velocità di taglio oltre la soglia di incremento del numero di giri

Partendo dal diametro più grande ed avvicinandosi a quello più piccolo, il CN mantiene la velocità di taglio costante incrementando il numero di giri fino alla soglia impostata dalla funzione LIMS.
Successivamente la velocità di taglio inizia ad abbattersi a partire da un diametro D (calcolato mediante la formula riportata in figura) fino ad annullarsi (Vc=0) nel centro di rotazione del pezzo.

8.6 M3, M4, M5: impostazione del verso di rotazione

Le funzioni ausiliarie M3 ed M4 impostano il verso di rotazione del mandrino, rispettivamente in senso orario ed antiorario.
La convenzione stabilisce che i versi sono da definirsi dal punto di vista di un osservatore posto dietro al mandrino.
In base alle caratteristiche strutturali della macchina, il costruttore ne suggerisce il verso di rotazione ideale.
Ciò che varia dal girare in un senso o nell'altro è la scelta del tipo di utensile; il senso di rotazione orario (M3) comporta l'utilizzo di punte destre mentre per quello antiorario (M4) si devono usare punte sinistre.
Il senso di rotazione risulta quindi essere influenzato anche dalle caratteristiche degli utensili disponibili a magazzino.
La configurazione della macchina presa in esame suggerisce di girare in senso antiorario (M4) perché permette agli sforzi di taglio di essere scaricati sul basamento della macchina e all'inserto di essere rivolto verso l'operatore (facilitandone le operazioni di controllo e sostituzione).
La funzione ausiliaria M5 ferma la rotazione del mandrino.

8.7 Riferimento delle istruzioni ad un mandrino non principale

Come già visto nel paragrafo 8.2 la funzione SETMS definisce il mandrino principale (mandrino master).
Questo è il mandrino al quale si riferiscono le istruzioni di velocità ('S'), verso di rotazione ('M'), di limitazione del numero di giri ('LIMS=') e di orientamento angolare ('SPOS=').
Nel caso si volessero utilizzare queste funzioni per comandare un mandrino non definito come master, oppure visualizzare chiaramente il nome del mandrino in fianco alla funzione, si può utilizzare la seguente sintassi di programmazione:

```
G96 S1=120        ; S120 è riferita al mandrino di nome 1
G97 S1=2200       ; S2200 è riferito al mandrino di nome 1
G97 S3=1600       ; S1600 è riferito al mandrino di nome 3
M1=3              ; M3 è riferito al mandrino di nome 1
M1=4              ; M4 è riferito al mandrino di nome 1
M3=3              ; M3 è riferito al mandrino di nome 3
LIMS[1]=4000      ; LIMS=4000 è riferito al mandr. di nome 1
```

8.8 Scelta di utilizzo delle funzioni G97, G96 e LIMS

Si programma il numero di giri costante (G97) nei seguenti casi:
- il diametro da lavorare non cambia (torniture cilindriche),
- non si vogliono fluttuazioni del numero di giri (esecuzione di una filettatura in più passate),
- il diametro di lavoro è zero e quindi il numero di giri risulterebbe incalcolabile (caso delle foratura in asse, in cui il numero di giri si deve calcolare in base alla velocità di taglio ed al diametro della punta).

Si programma la velocità costante (G96) quando:
- il diametro da lavorare cambia notevolmente (sfacciatura, troncatura, profilatura del pezzo).

Si programma la limitazione del numero massimo di giri (LIMS):
- ogni volta che si utilizza G96 all'interno del programma.

8.9 SPOS=: programmazione dell'orientamento angolare

La possibilità offerta da un tornio di montare gli utensili motorizzati è sempre associata alla sua capacità di orientare angolarmente il mandrino. Questo permette di eseguire fori e fresature radiali in asse, oppure fori longitudinali (frontali) fuori asse.

Con SPOS è possibile posizionare i mandrini su determinate posizioni angolari.

Il semplice orientamento angolare non è considerato come un asse poiché non è in grado di interpolare con nessuno degli altri assi presenti in macchina (vedi paragrafo 4.1).

Il valore che segue la funzione SPOS esprime l'angolo di posizionamento del mandrino riferito al suo zero, questo è espresso con un valore compreso tra 0 e 360 gradi.

La sua programmazione avviene come segue:

```
SPOS=0       ; orientamento angolare a zero gradi del mandrino
             definito come principale mediante la funzione SETMS

SPOS[1]=0    ; orientamento angolare a zero gradi del mandrino
             di nome '1' anche quando questo non è definito come
             principale
```

8.10 Esercitazione pratica

8.10.1 Esercizi di calcolo

In base ai dati relativi a: diametro di lavoro, numero di giri e velocità di taglio, calcolate e scrivete nell'apposito spazio il dato mancante.

Diametro di lavoro (mm)	Numero di giri (giri/min)	Velocità di taglio (m/min)
50	764	120
62	....	140
19	....	85
5	....	100
55	1200	....
8	1200	....
62	650	....
....	4500	100
....	2000	40
....	2000	220

Fig. 78. Esercizi di calcolo della velocità di taglio, del numero di giri e del diametro dal quale la velocità di taglio inizia a diminuire

8.10.2 Creazione di un nuovo programma principale

Il seguente paragrafo si svincola dagli argomenti trattati in questo capitolo descrivendo la procedura di creazione di un nuovo programma.
Premete il tasto PROGRAM MANAGER dal pannello di controllo.
Selezionate con le frecce o con il mouse la cartella di sistema PROGRAMMI PEZZO.
Questa cartella è predisposta ad ospitare esclusivamente programmi principali con estensione .MPF (Main Program Files).
Premete il tasto NUOVO.
Premete il softkey verticale PROGRAM GUIDE CODICE G per generare un programma sviluppato in linguaggio ISO e non mediante il software conversazionale di Siemens ShopTurn.
Scrivete il nome del nuovo programma (es.:PEZZO_1).
Confermate con OK.
Si apre automaticamente il nuovo programma vuoto appena creato.

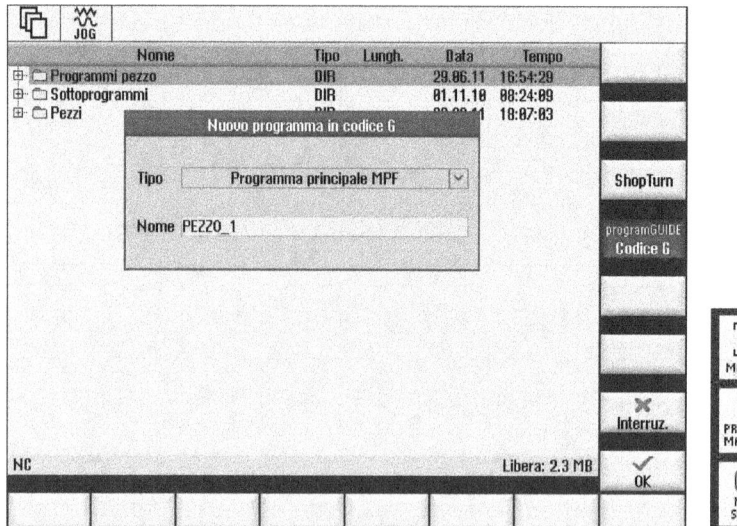

Fig. 79. Creazione di un nuovo programma

Chiudetelo premendo CONTINUA 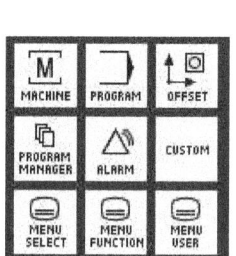 e quindi CHIUDERE.
Non si andrà ad utilizzare la cartella PROGRAMMI PEZZO poiché non permette di organizzare i programmi in ulteriori sottocartelle.

8.10.3 Creazione di un nuovo sottoprogramma
Premete il tasto PROGRAM MANAGER dal pannello di controllo.
Selezionate con le frecce o con il mouse la cartella di sistema SOTTOPROGRAMMI.
Questa cartella è predisposta ad ospitare esclusivamente sottoprogrammi richiamati dai programmi principali. La loro estensione è .SPF (Sub Program Files).
Premete il tasto NUOVO.
Premete tra i softkey verticali PROGRAM GUIDE COD. G per creare un sottoprogramma in codici ISO.
Scrivete il nome del nuovo sottoprogramma (es.:SUB_1).
Confermate con OK.
Si apre automaticamente il nuovo sottoprogramma vuoto appena creato. Chiudetelo pure seguendo la procedura riportata nel paragrafo precedente.

8.10.4 Creazione di una nuova cartella
Premete il tasto PROGRAM MANAGER dal pannello di controllo.
Selezionate con le frecce o con il mouse la cartella di sistema PEZZI.
Questa cartella è predisposta ad ospitare sottocartelle che a loro volta possono contenere programmi principali e sottoprogrammi.
L'estensione delle cartelle è .WPD (Work Piece Directory).
Premete il tasto NUOVO.
Scrivete il nome della nuova cartella (es.:CART_1).
Confermate con OK.
La nuova cartella viene elencata assieme alle altre in ordine alfabetico, quindi si apre automaticamente una finestra che propone di creare al suo interno un programma principale con lo stesso nome.
Potete scegliere se cambiare il nome e, utilizzando il menù a tendina, se quel programma sia principale (.MPF) oppure un sottoprogramma (.SPF).
Mantenete la selezione PROGRAMMA PRINCIPALE MPF e premete ancora OK. Chiudete pure il programma appena creato.
Per creare ulteriori programmi .MPF o .SPF all'interno della cartella, selezionate la cartella e procedete come ai paragrafi 8.10.2 e 8.10.3.

8.10.5 Ripasso degli esercizi relativi all'orientamento angolare
Rivedete gli esercizi proposti ai paragrafi 4.10.1 e 4.10.2 ed analizzate la sintassi di programmazione dell'orientamento angolare del mandrino.

9. Impostazione dell'avanzamento (1h)
(teoria: 0.5h, pratica: 0.5h)

9.1 Introduzione
L'indirizzo 'F' esprime il valore di avanzamento utilizzato durante i movimenti di lavoro. In base all'istruzione inserita nello stesso blocco o a quella modale attiva, il suo valore può essere espresso in millimetri al giro (G95) oppure in millimetri al minuto (G94).

9.2 G95: avanzamento espresso in mm/giro
L'avanzamento dell'utensile in un tornio è normalmente espresso in millimetri al giro.
In questo caso la velocità di traslazione dell'utensile varia in base al numero di giri del mandrino.

Attenzione: G95 imposta anche il numero di giri fisso, per questo motivo spesso sostituisce la funzione G97 come programmato nel seguente blocco d'esempio:

```
G95 S1800 M4      ; impostazione del numero di giri fisso e
                  ; dell'avanzamento in millimetri al giro
```

9.3 G94: velocità di spostamento espressa in mm/min
G94 imposta l'avanzamento dell'utensile come velocità di traslazione della slitta espressa in millimetri al minuto.
Questo valore rimane totalmente svincolato dal numero di giri del mandrino.
Moltiplicando il valore di avanzamento espresso in millimetri al giro (F_g) per il numero di giri al minuto (n), si ottiene l'equivalente valore di avanzamento espresso in millimetri al minuto (F_v).

$$F_v = F_g * n$$

9.4 Calcolo del tempo di esecuzione di una passata

In questo paragrafo si analizza il metodo per calcolare il tempo che l'utensile impiega per eseguire una passata.

Considerando una passata lunga 50 millimetri (L), un avanzamento di 0.2 millimetri al giro (F_g) ed una rotazione del mandrino di 1400 giri al minuto (n), si procede come segue.

- Calcolare lo spazio che l'utensile percorre in un minuto utilizzando la formula riportata nel paragrafo 9.3.

$$F_v = (F_g * n) = 0.2 * 1400 = 280 \text{ mm/min}$$

- Da qui si ricava la velocità espressa in millimetri al secondo.

$$v_s = F_v / 60 = 280 / 60 = 4.66 \text{ mm/sec}$$

- Dividendo la lunghezza da percorrere per la velocità di esecuzione della passata si ottiene il tempo necessario per eseguirla.

$$t = L / v_s = 50 / 4.66 = 10.72 \text{ sec}$$

Contraendo le precedenti formule si ottiene:

$$t = L * 60 / (F_g * n)$$

Questa formula risulta utile nel calcolo preventivo del tempo di realizzazione di un pezzo.

9.5 Esercitazione pratica

9.5.1 Esercizi di calcolo

In base ai dati relativi a: lunghezza, avanzamento e numero di giri, calcolate il tempo impiegato dall'utensile per eseguire la passata.

Lungh. passata (mm)	Avanzamento (mm/giro)	Numero di giri (giri/min.)	Tempo impiegato (secondi)
60	0.3	840	....
60	0.12	1100	....
24	0.1	1260	....
18	0.06	780	....
22	0.14	1530	....
80	0.18	2100	....
66	0.05	1400	....
43	0.25	600	....

Fig. 80. Esercizi di calcolo del tempo impiegato dall'utensile per eseguire una passata

9.5.2 Salvataggio di cartelle e programmi

Questo paragrafo spiega come salvare una cartella o un programma residente nella memoria del CN su una memoria esterna (solitamente con attacco USB).

Prima di procedere collegate una memoria con attacco USB al computer.

Premete PROGRAM MANAGER dal pannello di controllo.
Selezionate con le frecce o con il mouse il programma o la cartella che si vuole salvare (ad esempio il programma PRG_03_01).
Premete COPIARE nella lista dei softkey verticali.
Quindi premete USB per selezionare l'unità di destinazione sulla quale salvare i dati.
Poi premete INSERIRE per avviare il processo di copiatura dei dai.

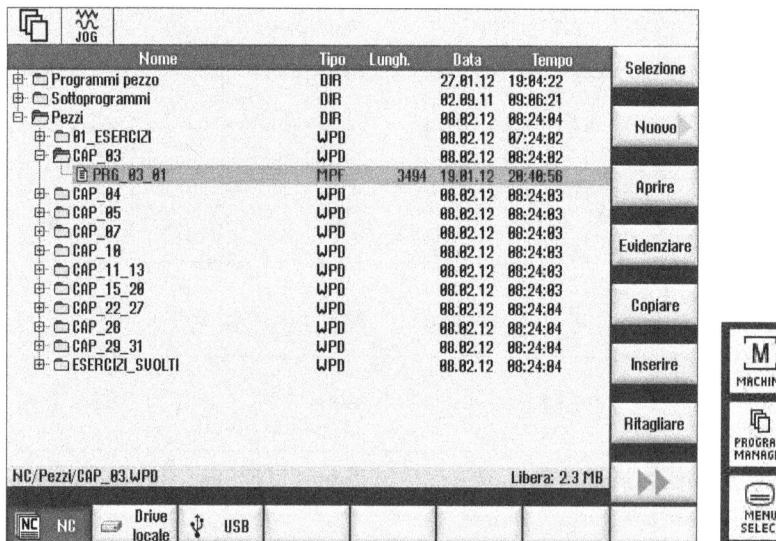
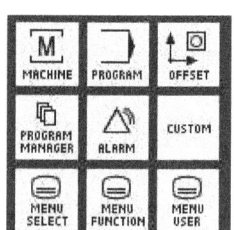

Fig. 81. Salvataggio di cartelle e programmi in una memoria esterna

Premete nuovamente NC per tornare alla memoria del CN.

10. Coordinate assolute ed incrementali (1h)
(teoria: 0.5h, pratica: 0.5h)

10.1 G90: programmazione assoluta

La funzione G90 imposta il sistema di coordinate assolute, questo permette di riferire tutte le coordinate espresse all'interno del programma ad un solo punto che può essere lo zero pezzo o lo zero macchina. G90 è già attivo all'accensione della macchina.

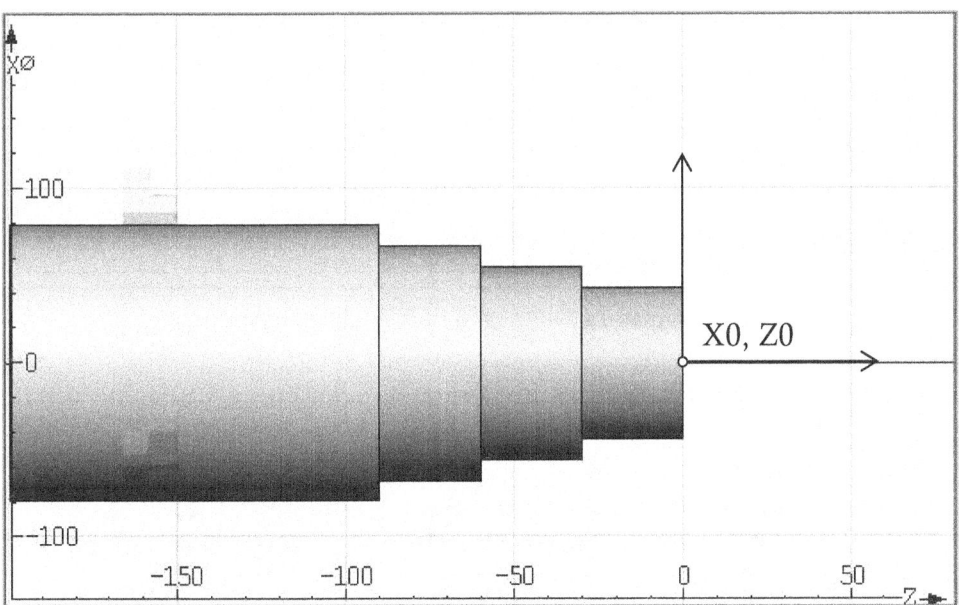

Fig. 82. Origine degli assi con sistema di coordinate assolute riferito allo zero pezzo

Per aiutare l'operatore nella programmazione del profilo, il disegnatore spesso riferisce tutte le quote alla faccia anteriore del pezzo.

Il seguente disegno rappresenta un pezzo con tre gradini di lunghezza pari a 30 mm.

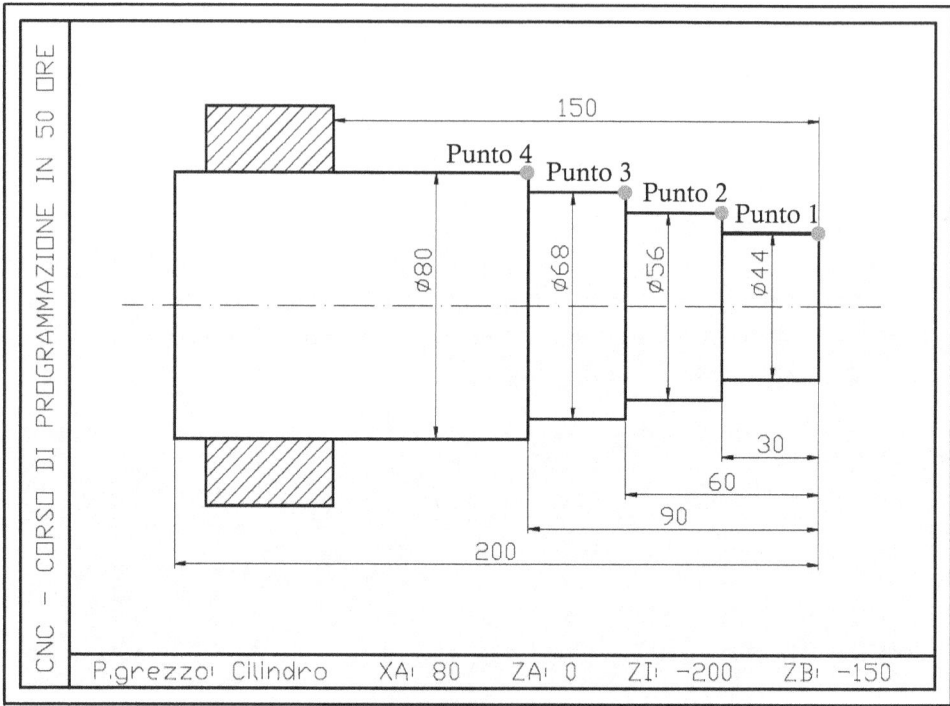

Fig. 83. Quotatura del disegno riferita allo zero pezzo.

Nel sistema di coordinate assolute per passare dal punto 1 alla coordinata in Z del punto 2, si programma G1 Z-30 poiché la distanza in Z del punto 2 dallo zero pezzo è di 30 mm.

Per passare ora dal punto 2 alla coordinata in Z del punto 3, si programma G1 Z-60 poiché la distanza in Z del punto 3 dallo zero pezzo è di 60 mm, nonostante la distanza tra i due punti sia ancora di 30 mm.

Per passare ora dal punto 3 alla coordinata in Z del punto 4, si programma G1 Z-90 poiché la distanza in Z del punto 4 dallo zero pezzo è di 90 mm.

10.2 G91: programmazione incrementale

La funzione G91 imposta il sistema di coordinate incrementali.
Quando G91 è attivo tutte le coordinate sono riferite alla posizione attuale in cui si trova l'utensile.
Il punto in cui si trova l'utensile diventa lo zero al quale si riferisce lo spostamento successivo.

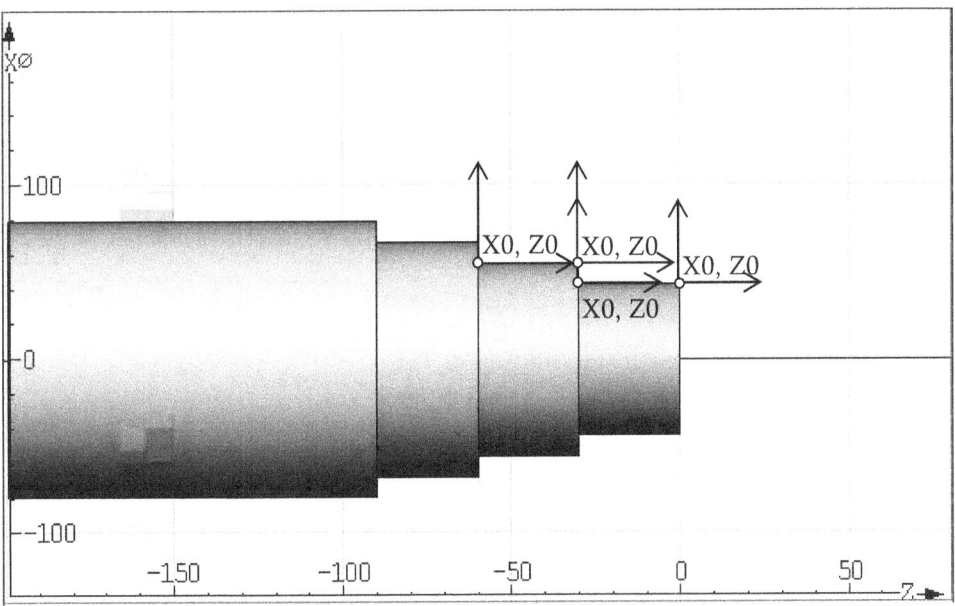

Fig. 84. Origine degli assi nel sistema di coordinate incrementali

Il sistema di coordinate incrementali non si usa mai per la definizione di un intero profilo, risulta essere utile invece (senza mai essere necessario) per definire la larghezza di una gola oppure per programmare una foratura eseguita con scarico del truciolo.

Si vedrà più avanti che i valori incrementali sono necessari quando si vogliono ripetere parti di programma spostandone il punto di partenza (più fori eseguiti con incremento costante in Z), anche in questo caso però si può utilizzare la programmazione mista senza necessariamente attivare la funzione G91, come spiegato nel paragrafo seguente.

10.3 Programmazione mista

Con la funzione G90 attiva si possono comunque programmare degli spostamenti incrementali.
La possibilità di inserire nello stesso blocco valori espressi sia in coordinate assolute che incrementali dà origine al nome di questo tipo di programmazione.
La seguente sintassi di programmazione sostituisce nella maggioranza dei casi l'utilizzo di G91.
Con la funzione G90 attiva, per programmare uno spostamento incrementale di 60 mm sull'asse Z nel suo verso negativo si scrive:

$$G1\ Z=IC(-60)$$

Per programmare uno spostamento incrementale di 5mm sull'asse X nel suo verso positivo si scrive:

$$G1\ X=IC(5)$$

10.4 Significato diametrale o radiale dei valori associati a X

L'attivazione delle funzioni modali DIAMON, DIAM90 e DIAMOF determina il significato diametrale o radiale dei valori programmati sull'asse X.

DIAMON attribuisce a tutti i valori associati a X il significato diametrale.

DIAM90 imposta il significato diametrale nel sistema di coordinate assolute (G90), mentre attribuisce il significato radiale quando la quota è espressa nel sistema di coordinate incrementali, sia che esso venga attivato dalla funzione G91 o mediante la sintassi X=IC(...).

DIAMOF attribuisce a tutti i valori associati a X il significato radiale.

Attenzione: nel tornio che si sta utilizzando la funzione modale attiva all'accensione della macchina è DIAM90.

10.5 Esercitazione pratica

10.5.1 Analisi di un programma in coordinate assolute

Aprite il programma PRG_10_01 contenuto nella cartella CAP_10, avviate la simulazione grafica ed attivate la modalità di esecuzione in blocco singolo. Questo programma esegue il pezzo descritto nel disegno di figura 83. Analizzate il valore delle coordinate programmate in ogni blocco ed osservate il movimento compiuto dall'utensile.

```
; dimensioni del grezzo:
; XA = 80 diametro della barra
; ZA = 0 sovrametallo sulla faccia anteriore
; ZI = -200 lunghezza del pezzo finito
; ZB = -150 sporgenza dalle griffe
N10 WORKPIECE(,,,"CYLINDER",192,0,-200,-150,80)

N20 G18 G54 G90 ;G54 IMPOSTAZIONE DELLO ZERO PEZZO
; G90 SISTEMA DI COORDINATE ASSOLUTE
N30 G0 X400 Z500
N40 M8 ; ACCENSIONE LUBRIFICANTE
N50 SETMS(1) ; IMPOSTAZIONE DEL MANDRINO PRINCIPALE

N60 T1 D1 ; UTENSILE SGROSSATORE
N70 G95 S1800 M4 F0.2 ; IMPOSTAZIONE NUMERO DI GIRI E
AVANZAMENTO IN MM/GIRO

N80 G0 X68 Z2
N90 G1 Z-90
N100 G1 X82
N110 G0 Z2

N120 G0 X56
N130 G1 Z-60
N140 G1 X70
N150 G0 Z2

N160 G0 X44
N170 G1 Z-30
N180 G1 X58
N190 G0 Z2

N200 G0 X200
N210 G0 Z200
N220 M30
```

10.5.2 Analisi di un programma in coordinate incrementali

Aprite il programma PRG_10_02 contenuto nella cartella CAP_10 ed avviate la simulazione grafica in blocco singolo. Lo stesso pezzo eseguito nella pagina precedente è ora programmato in coordinate incrementali utilizzando la programmazione mista. Analizzate il valore delle coordinate programmate in ogni blocco ed osservate il movimento compiuto dall'utensile. Notate come un abuso della programmazione incrementale renda il programma poco comprensibile.

```
...
N20 G18 G54 G90 ;G54 IMPOSTAZIONE DELLO ZERO PEZZO
; G90 SISTEMA DI COORDINATE ASSOLUTE
N30 G0 X400 Z500
N40 M8 ; ACCENSIONE LUBRIFICANTE
N50 SETMS(1) ; IMPOSTAZIONE DEL MANDRINO PRINCIPALE

N60 T1 D1 ; UTENSILE SGROSSATORE
N70 G95 S1800 M4 F0.2 ; IMPOSTAZIONE NUMERO DI GIRI E
AVANZAMENTO IN MM/GIRO

N80 G0 X68 Z2 ; POSIZIONAMENTO IN COORDINATE ASSOLUTE
N90 DIAMON ; VALORE DELLE COORDINATE INCREMENTALI IN X CON
SIGNIFICATO DIAMETRALE

N100 G1 Z=IC(-92) ; COORD. ASSOLUTA Z-90
N110 G1 X=IC(14) ; COORD. ASSOLUTA X82
N120 G0 Z=IC(92) ; COORD. ASSOLUTA Z2

N130 G0 X=IC(-26) ; COORD. ASSOLUTA X56
N140 G1 Z=IC(-62) ; COORD. ASSOLUTA Z-60
N150 G1 X=IC(14); COORD. ASSOLUTA X70
N160 G0 Z=IC(62) ; COORD. ASSOLUTA Z2

N170 G0 X=IC(-26) ; COORD. ASSOLUTA X44
N180 G1 Z=IC(-32) ; COORD.ASSOLUTA Z-30
N190 G1 X=IC(14) ; COORD. ASSOLUTA X58
N200 G0 Z=IC(32) ; COORD.ASSOLUTA Z2

N210 G0 X200
N220 G0 Z200
N230 M30
```

11. Funzioni base per la definizione del profilo (3h)
(teoria: 1h, pratica: 2h)

11.1 G0: movimento rapido
Come già visto nei programmi fino ad ora utilizzati, prima delle lavorazioni viene sempre programmato uno o più blocchi di avvicinamento dell'utensile al pezzo utilizzando la funzione G0.

G0 imposta il movimento rapido della slitta o dell'utensile al punto programmato. La velocità dei movimenti rapidi è preimpostata dal costruttore e dipende dalle caratteristiche della macchina. Per un tornio come quello analizzato, una velocità massima di movimento rapido di 30000 mm/minuto (30 metri al minuto) è già da considerarsi ottimale.

La funzione modale Siemens RTLION è attiva all'accensione della macchina ed imposta la traiettoria rettilinea del percorso rapido.

Il comando RTLIOF la sovrascrive ed imposta il raggiungimento del punto di arrivo senza interpolazione lineare, ottenendo così una maggiore velocità di posizionamento ma aumentando il rischio di collisione.

Quando scrivete questa funzione nel programma, fate attenzione a non scrivere GO (lettera O) invece che G0 (numero zero).

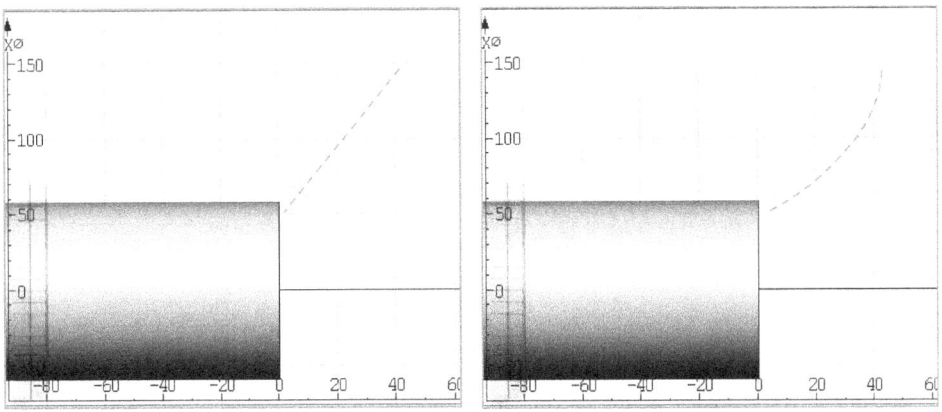

Fig. 85. Traiettoria di avvicinamento rapido con le funzioni RTLION e RTLIOF

11.2 G1: interpolazione lineare

La funzione G1 imposta un movimento di lavoro da eseguirsi in interpolazione lineare. Il punto programmato verrà raggiunto descrivendo una retta che parte dal punto in cui si trova l'utensile.

L'avanzamento utilizzato è quello modale attivo oppure specificato nello stesso blocco. Se nel blocco di destinazione una delle due coordinate non varia, si può evitare di riscriverla, in questo caso il movimento avverrà esclusivamente sull'asse programmato.

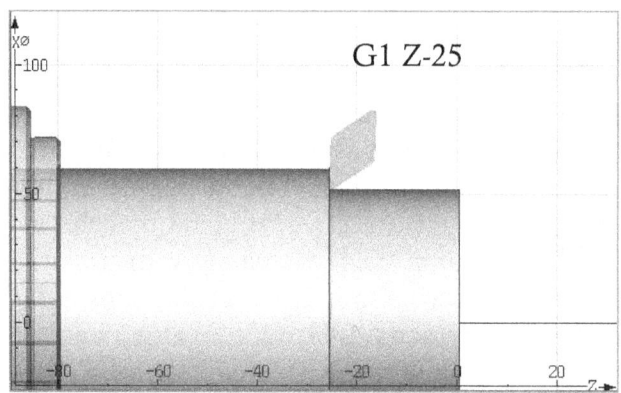

Fig. 86. Movimento dell'utensile lungo l'asse Z

Se nel blocco di destinazione si programmano due valori differenti dal punto di partenza, il movimento dell'utensile avverrà su di una retta inclinata ottenuta mediante interpolazione dei due assi (vedi par. 4.8).

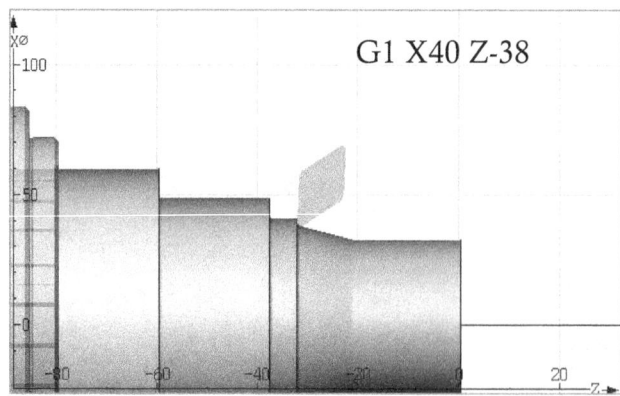

Fig. 87. Interpolazione lineare con movimento dell'utensile lungo gli assi X e Z

11.3 G33, G34, G35: filettatura in più passate

La funzione G33 imposta un movimento di interpolazione lineare come quello impostato da G1, sincronizzando però la partenza del blocco con la posizione angolare zero del mandrino.
Questo permette di eseguire una filettatura a passo costante in più passate, durante le quali l'utensile si trova sempre all'interno dello stesso principio, come visualizzato nella seguente figura.

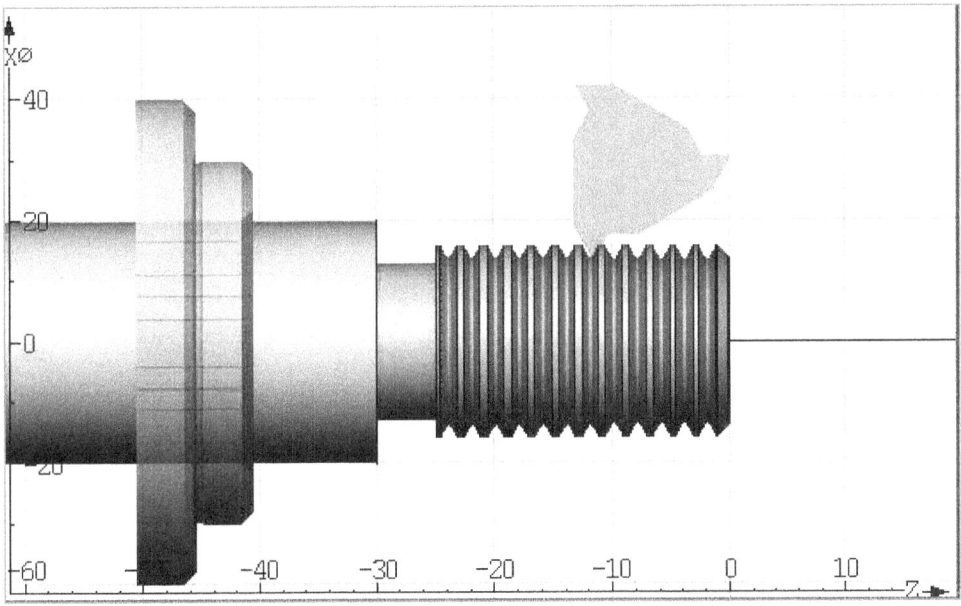

Fig. 88. Esecuzione di una filettatura in più passate con G33

Il passo della filettatura si esprime nello stesso blocco di G33, utilizzando l'indirizzo K se il movimento avviene sull'asse Z (G33 Z-20 K2), oppure con I (meno probabile) se il movimento avviene sull'asse X.
La funzione G33 deve essere sempre programmata con numero di giri costante (G97/G95).

Per filettature coniche, programmate il punto di arrivo in X e Z ed inserite il valore del passo come proiezione del passo reale sull'asse predominante (Z: per angoli di inclinazione inferiori a 45° ed X per angoli superiori a 45°).

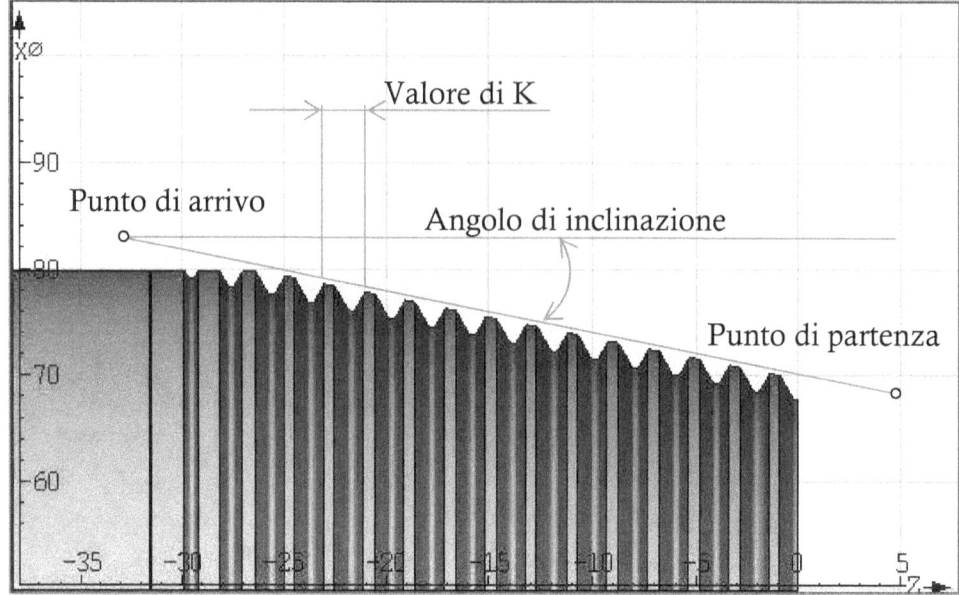

Fig. 89. Valore del passo da programmare in una filettatura conica eseguita con G33

Programmare una filettatura con G33 risulta alquanto lungo, si vedrà in seguito come velocizzarla utilizzando il ciclo automatico CYCLE99.

Per realizzare viti autofilettanti con passo variabile programmare:
- G34: quando la variazione del passo è progressiva crescente, oppure
- G35: quando la variazione del passo è progressiva decrescente,

seguita dalle coordinate del punto di arrivo, dal passo della prima spira e dal valore incrementale 'F' della variazione del passo, come ad esempio:

G34 Z-20 K2 F0.1

11.4 G4: funzione di attesa

La funzione G4, quando seguita dall'indirizzo 'F', imposta un'attesa espressa in secondi, oppure, se seguita dall'indirizzo 'S', espressa in giri del mandrino. Risulta utile per garantire la cilindricità del fondo di gole, per rompere o scaricare il truciolo durante una foratura o per l'attesa del verificarsi di un evento generico (arrivo del fluido refrigerante).

```
G4 F1   ; tempo di attesa di 1 secondo
G4 S2   ; tempo di attesa di 2 giri del mandrino
```

11.5 Esercitazione pratica

11.5.1 Esempio di sgrossatura di un profilo

Aprite il programma PRG_11_01 contenuto nella cartella CAP_11_13, avviate la simulazione grafica ed attivate la modalità di esecuzione in blocco singolo.
Questo programma esegue esclusivamente la sgrossatura del pezzo riportato nel disegno sottostante. Analizzate il valore delle coordinate programmate in ogni blocco e rispondete alle domande riportate nel paragrafo successivo.

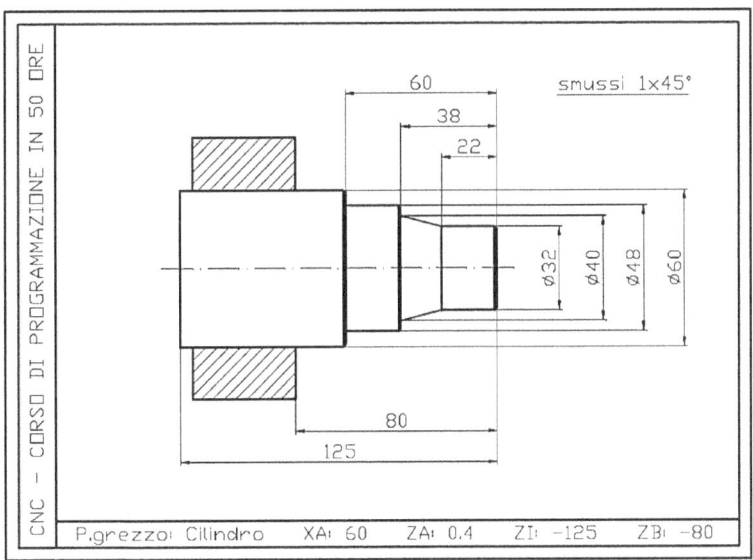

Fig. 90. Esempio di programmazione di una tornitura esterna

```
; dimensioni del grezzo:
; XA = 60 diametro della barra
; ZA = 0.4 sovrametallo sulla faccia anteriore
; ZI = -125 lunghezza del pezzo finito
; ZB = -80 sporgenza dalle griffe
WORKPIECE(,,,"CYLINDER",0,0.4,-125,-80,60)

G18 G54 G90 ;G54 IMPOSTAZIONE DELLO ZERO PEZZO
; G90 SISTEMA DI COORDINATE ASSOLUTE
G0 X400 Z500 ;POSIZIONE DI SICUREZZA
M8 ; ACCENSIONE LUBRIFICANTE
SETMS(1) ; IMPOSTAZIONE DEL MANDRINO PRINCIPALE

T1 D1 ; RICHIAMO UTENSILE PER SGROSSATURA
```

```
G95 S740 M4 ; IMPOSTAZIONE NUMERO DI GIRI E AVANZAMENTO IN
MM/GIRO
G0 X52 Z2 ; AVVICINAMENTO RAPIDO AL PEZZO
G1 Z-59.8 F0.2 ;PRIMA PASSATA CON AVANZ. DI 0.2 MM/GIRO
G0 X54 Z2 ; RITORNO FUORI DALLA FACCIA DEL PEZZO
G0 X46 ; POSIZIONAMENTO RAPIDO A DIAMETRO 46
G1 Z-37.8 ;SECONDA PASSATA
G1 X49
G1 Z-59.8
G0 X51 Z2
G0 X41 ;TERZA PASSATA
G1 Z-37.8
G0 X43 Z2
G0 X33 ;QUARTA PASSATA
G1 Z-21.8
G1 X41 Z-37.8
G0 Z0 ; POSIZIONANETO PER SFACCIATURA
G0 X35 ; AVVICINAMENTO AL DIAMETRO
G1 X-1.6 ;ESECUZIONE DELLA SFACCIATURA
G0 X60 Z2

G0 X200
G0 Z200
M30
```

Notate come la posizione finale di sfacciatura non sia X0 ma X-1.6. Oltrepassando il centro del doppio del raggio dell'inserto, si evita di lasciare il testimone di lavorazione causato dalla presenza del raggio stesso.

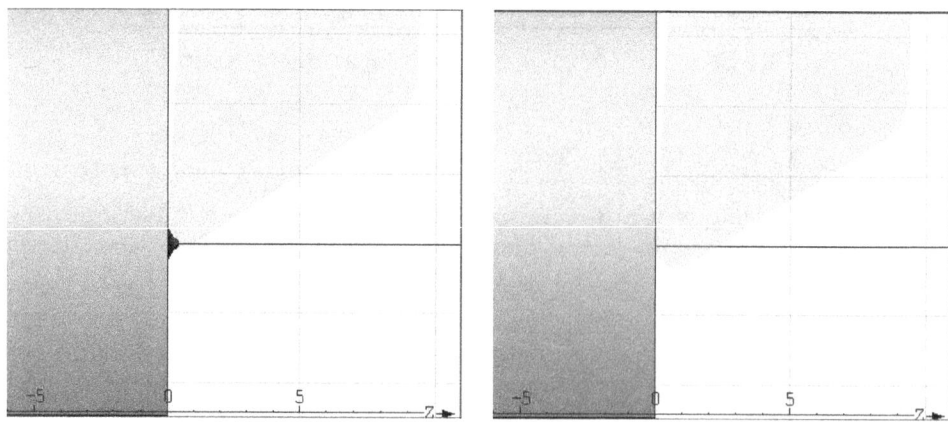

Fig. 91. Eliminazione del testimone di lavorazione in sfacciatura

11.5.2 Verifica di comprensione del programma

Rispondete alle seguenti domante relative al programma appena eseguito.

1) A quale velocità di taglio lavora l'utensile T1 durante la prima passata?
   a) 120   b) 90   c) 100

2) Quale è la profondità radiale in X della prima passata?
   a) 5   b) 8   c) 4

3) A quale valore viene sgrossato il diametro 48?
   a) 52   b) 49   c) 59.8

4) Quanto sovrametallo viene lasciato sullo spallamento a Z-38?
   a) 0.2   b) 0.1   c) 59.8

5) Quali sono le coordinate del punto in cui l'utensile si posiziona prima di eseguire la sfacciatura?
   a) X35, Z0   b) X41, Z-0.4 c) X62, Z0

Trovate le risposte corrette all'interno del programma RIS_11_01 contenuto nella cartella CAP_11_13.

11.5.3 Esempio di programmazione di una filettatura

Aprite il programma PRG_11_02 contenuto nella cartella CAP_11_13, avviate la simulazione grafica ed attivate la modalità di esecuzione in blocco singolo.

Questo programma esegue:
- con l'utensile T1 D1, la sfacciatura, lo smusso e la tornitura esterna del pezzo,
- con l'utensile T3 D1 (con inserto largo 3 millimetri) la gola di scarico del filetto,
- con l'utensile T4 D1, il filetto in più passate.

Il numero di passate per eseguire un filetto dipende dalla grandezza del suo passo. La profondità di ogni passata è suggerita dal costruttore degli utensili in base al materiale da lavorare.

In questo caso sono state eseguite 8 passate la cui profondità è riportata nel programma.

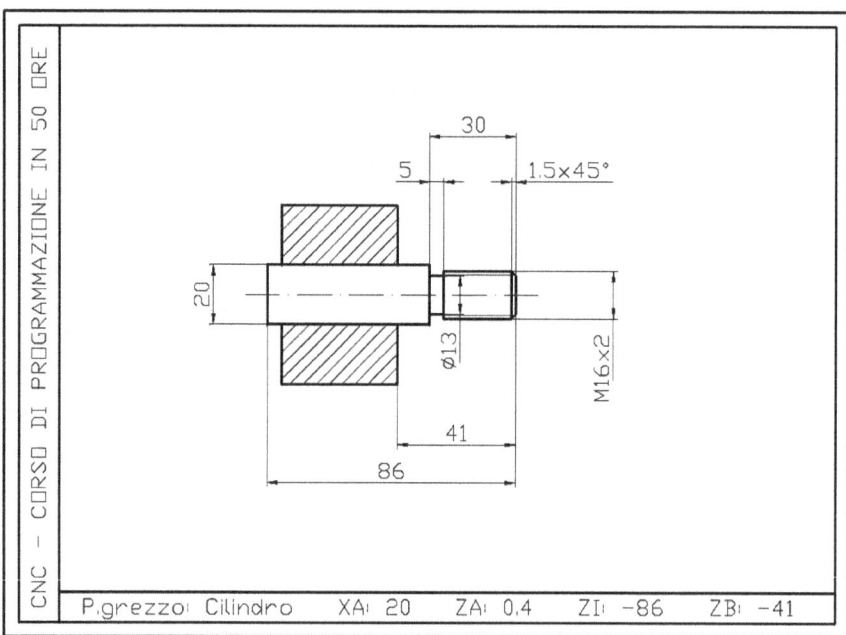

Fig. 92. Esempio di programmazione di un pezzo filettato

```
; dimensioni del grezzo:
; XA = 20 diametro della barra
; ZA = 0.4 sovrametallo sulla faccia anteriore
; ZI = -86 lunghezza del pezzo finito
; ZB = -41 sporgenza dalle griffe
```

```
WORKPIECE(,,,"CYLINDER",0,0.4,-86,-41,20)

G18 G54 G90 ;G54 IMPOSTAZIONE DELLO ZERO PEZZO
; G90 SISTEMA DI COORDINATE ASSOLUTE
G0 X400 Z500 ;POSIZIONE DI SICUREZZA
M8 ; ACCENSIONE LUBRIFICANTE
SETMS(1) ; IMPOSTAZIONE DEL MANDRINO PRINCIPALE

LIMS=3000 ; LIMITE MASSIMO DI GIRI
T1 D1 ; TORNITURA ESTERNA
G96 S100 M4 ; IMPOSTAZIONE VELOCITA' DI TAGLIO COSTANTE E
AVANZAMENTO IN MM/GIRO
G0 X22 Z0 ; AVVICINAMENTO RAPIDO AL PEZZO
G1 X-1.6 F0.18 ; SFACCIATURA
G0 X12.8 Z0.5 ; DIAMETRO DI PARTENZA DELLO SMUSSO
G1 Z0 ; AVVICINAMENTO ALLA FACCIA DEL PEZZO
G1 X15.8 Z-1.5 ;ESECUZIONE DELLO SMUSSO 1.5 X 45
G1 Z-30 ; TORNITURA
G1 X22 ; SPALLAMENTO RETTO
G0 X200 ; ALLONTANAMENTO IN X
G0 Z200 ; ALLONTANAMENTO IN Z

T3 D1 ; UTENSILE PER GOLE LARGO 3MM
G95 S800 M4 ; IMPOSTAZIONE NUMERO DI GIRI E AVANZAMENTO IN
MM/GIRO
G0 Z-30 ; POSIZIONAMENTO RAPIDO IN Z
G0 X22 ; AVVICINAMENTO AL DIAMETRO DELLA BARRA
G1 X13 F0.1 ; ESECUZIONE DELLA GOLA
G4 S2 ; ATTESA DI DUE GIRI SUL FONDO DELLA GOLA
G0 X22
G0 Z=IC(2) ; SPOSTAM. INCREMENTALE DI 2MM IN Z POSITIVO
G1 X13
G4 S2
G0 X22
G0 X200 ; ALLONTANAMENTO IN X
G0 Z200 ; ALLONTANAMENTO IN Z

T4 D1 ; UTENSILE PER FILETTI ESTERNO
G95 S600 M3 ; INVERSIONE DEL SENSO DI ROTAZIONE DEL MANDRINO
G0 Z4 ; POSIZIONAMENTO RAPIDO IN Z

; POSIZIONAMENTO AL DIAMETRO DELLA PRIMA PASSATA PARTENDO DAL
DIAMETRO NOMINALE DI 16 MM
G0 X15.4 ;PROF. DI PASSATA RADIALE DI 0.3MM
G33 Z-29.5 K2
G0 X18 ; USCITA DAL FILETTO
G0 Z4 ; RIPOSIZIONAMENTO IN Z
```

```
G0 X14.9 ;PROF. DI PASSATA RADIALE DI 0.25MM
G33 Z-29.5 K2 ; SECONDA PASSATA
G0 X18 ; USCITA DAL FILETTO
G0 Z4 ; RIPOSIZIONAMENTO IN Z

G0 X14.5 ;PROF. DI PASSATA RADIALE DI 0.2MM
G33 Z-29.5 K2 ; TERZA PASSATA
G0 X18 ; USCITA DAL FILETTO
G0 Z4 ; RIPOSIZIONAMENTO IN Z

G0 X14.1 ;PROF. DI PASSATA RADIALE DI 0.2MM
G33 Z-29.5 K2 ; QUARTA PASSATA
G0 X18 ; USCITA DAL FILETTO
G0 Z4 ; RIPOSIZIONAMENTO IN Z

G0 X13.8 ;PROF. DI PASSATA RADIALE DI 0.15MM
G33 Z-29.5 K2 ; QUINTA PASSATA
G0 X18 ; USCITA DAL FILETTO
G0 Z4 ; RIPOSIZIONAMENTO IN Z

G0 X13.56 ;PROF. DI PASSATA RADIALE DI 0.12MM
G33 Z-29.5 K2 ; SESTA PASSATA
G0 X18 ; USCITA DAL FILETTO
G0 Z4 ; RIPOSIZIONAMENTO IN Z

G0 X13.36 ;PROF. DI PASSATA RADIALE DI 0.10MM
G33 Z-29.5 K2 ; SETTIMA PASSATA
G0 X18 ; USCITA DAL FILETTO
G0 Z4 ; RIPOSIZIONAMENTO IN Z

G0 X13.26 ;PROF. DI PASSATA RADIALE DI 0.05MM
G33 Z-29.5 K2 ; OTTAVA PASSATA
G0 X18 ; USCITA DAL FILETTO

G0 X200 ; ALLONTANAMENTO
G0 Z200
M30
```

11.5.4 Esecuzione della finitura di un profilo

Questo esercizio permette di consolidare l'apprendimento di molte delle informazioni fornite fino ad ora.
- Prendete il programma PRG_11_01 contenuto nella cartella CAP_11_13,
- duplicatelo nella cartella 01_ESERCIZI secondo le procedure riportate nel paragrafo 4.10.3
- rinominatelo in ES_11_01,
- **inserite alla fine del programma, dopo la sgrossatura, la finitura del profilo secondo la sequenza di programmazione riportata nel paragrafo 5.2,**
- il pezzo da realizzare è descritto nel disegno di figura 90
- fate attenzione alla programmazione corretta dei valori di partenza in X degli smussi (paragrafo 4.10.1)

Confrontate il vostro programma con quello contenuto nella cartella ESERCIZI_SVOLTI, di nome ES_11_01.

12. Programmazione diretta di raccordi, smussi e angoli (2h)
(teoria: 1h, pratica: 1h)

12.1 Introduzione
Fino ad ora si è visto che la definizione di tutti i segmenti che costituiscono un profilo avviene programmando le coordinate del loro punto di arrivo.
Esiste anche un metodo di programmazione semplificato che delega al CN il calcolo delle traiettorie mediante la programmazione diretta di raccordi, smussi e degli angoli di inclinazione delle rette rispetto all'asse principale di rotazione.

12.2 RND= / RNDM=: esecuzione di un raccordo
La funzione RND, seguita dal valore del raggio, permette di inserire al termine di un blocco un raccordo tangenziale tra tratti lineari e circolari del profilo.

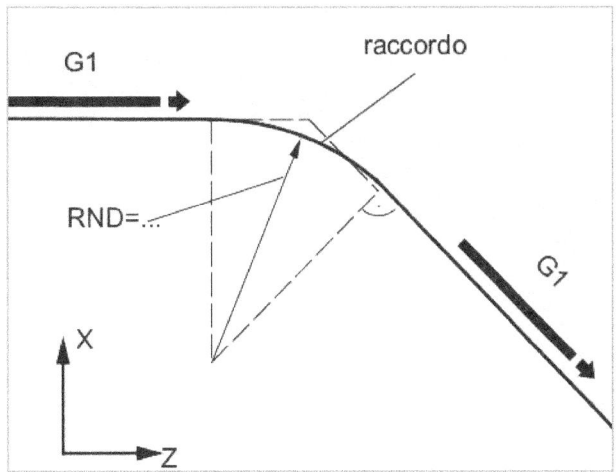

Fig. 93. Raccordo tra due rette tramite la funzione RND

Il punto di partenza e quello di arrivo del raccordo dipendono dalle dimensioni del raggio programmato e dalla direzione dei due blocchi da raccordare.

RND non è una funzione sviluppata per programmare un arco di cerchio, è invece destinata a semplificare la programmazione della rottura di uno spigolo vivo mediante un raggio di raccordo.

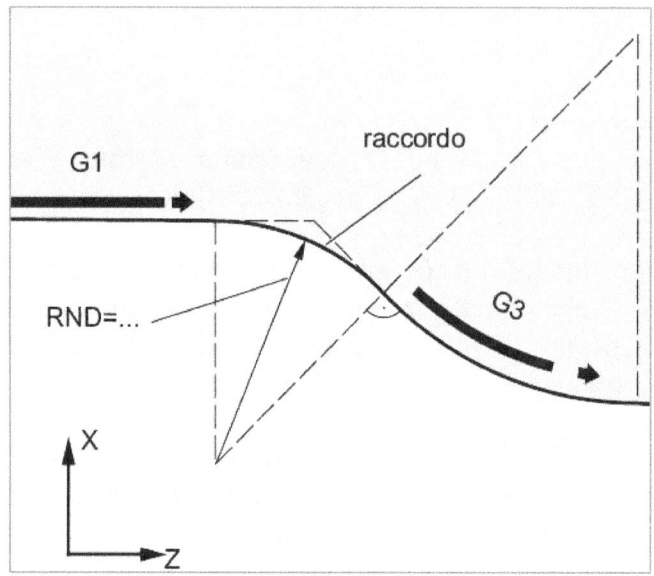

Fig. 94. Raccordo tra una retta ed un arco di cerchio tramite la funzione RND

La funzione RND è autocancellante, quindi viene eseguita solamente nel blocco in cui è programmata.
Per raccordare allo stesso modo più spigoli consecutivi, utilizzate la funzione modale RNDM cancellata da RNDM=0.

Sintassi di programmazione:

```
G1 Z-20 RND=0.4
G1 X18 Z-14
```
oppure:
```
G1 Z-20 RNDM=0.4
G1 X18 Z-14
```

12.3 CHR= / CHF=: esecuzione di uno smusso

Come per la funzione RND, la funzione CHR, seguita dalle dimensioni dello smusso, permette di inserire al termine di un blocco la rottura dello spigolo presente all'intersezione di tratti lineari o circolari del profilo.

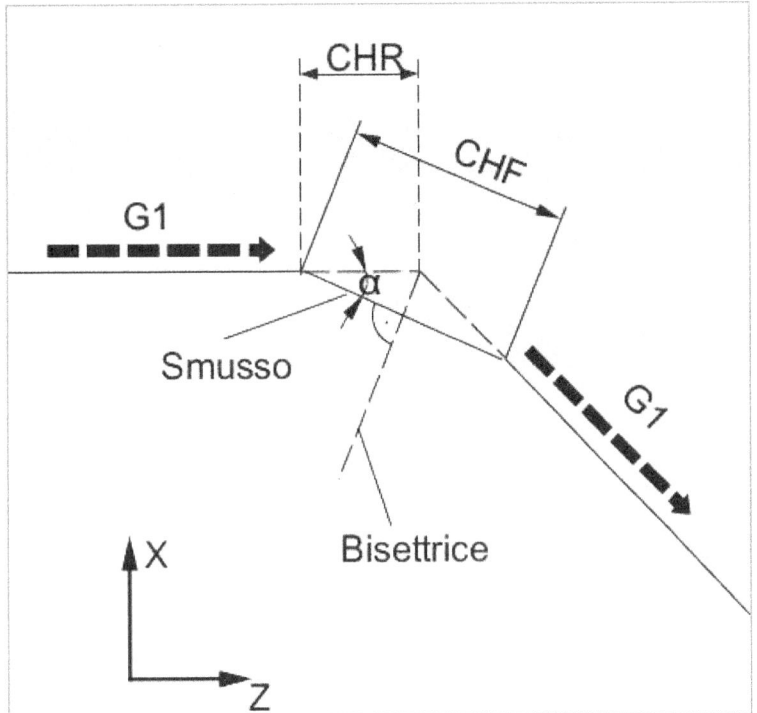

Fig. 95. Smusso eseguito tra due rette tramite le funzioni CHR o CHF

La dimensione dello smusso viene definita con CHR quando la quota è espressa secondo la direzione dei segmenti, oppure con CHF quando la quota è riferita alla lunghezza reale dello smusso.

Il punto di partenza e quello di arrivo dello smusso dipendono dal tipo di funzione programmata (CHR o CHF), dalle dimensioni dello smusso e dalla direzione dei due blocchi del profilo.

CHR e CHF non sono funzioni sviluppate per programmare l'angolo di inclinazione dello smusso, sono invece destinate a semplificare la programmazione della rottura di uno spigolo vivo.

12.4 FRC= / FRCM: avanzamento specifico su smussi e raccordi

Per ottimizzare la qualità superficiale di smussi e raccordi è possibile programmare mediante la funzione FRC (Feedrate on Round and Chamfer) un avanzamento specifico con il quale eseguirli.

FRC, seguita dal valore di avanzamento, è da inserire nello stesso blocco in cui si programmano i raggi o i raccordi.

FRC è una funzione autocancellante, quindi vale solamente nel blocco in cui è programmata.

Il valore che segue la funzione deve essere espresso nell'unità di misura relativa alla funzione d'avanzamento attiva (G95 o G94).

Per programmare un avanzamento specifico modale, ovvero attivo per tutti i raccordi e/o gli smussi programmati successivamente, utilizzare la funzione FRCM; per cancellarla programmare FRCM=0.

Sintassi di programmazione:

```
G1 Z-20 CHR=1 FRC=0.02
G1 X18 Z-14
```

oppure:

```
G1 Z-20 RND=4 FRC=0.02
G1 X18 Z-14
```

oppure:

```
G1 Z-20 RND=4 FRCM=0.02
G1 X18 Z-14
```

(tutti i raccordi e gli smussi successivi, programmati con RND, CHR e CHF, sono eseguiti con avanzamento specifico di 0.02 millimetri al giro)

12.5 ANG=: direzione di una retta definita tramite angolo

La funzione ANG permette di definire tratti lineari del profilo programmando direttamente il valore dell'angolo di inclinazione della retta rispetto alla direzione positiva dell'asse Z.

Il valore dell'angolo da programmare si ottiene utilizzando lo schema sottoesposto e già presentato nel paragrafo 4.9.

Posizionate la punta dell'utensile nel centro degli assi cartesiani, la direzione ed il verso di taglio della traiettoria che volete eseguire indicano l'angolo di inclinazione da programmare.

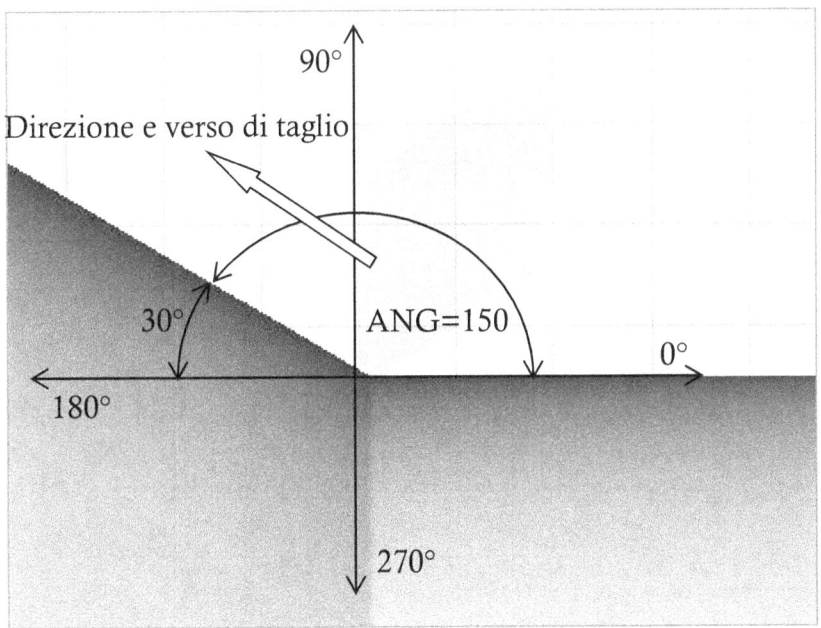

Fig. 96. Schema per la definizione dell'angolo utilizzando la funzione ANG

Il blocco che descrive la retta deve contenere una sola coordinata del punto di arrivo (o X o Z) e l'angolo di inclinazione con il quale raggiungerla.

Sintassi di programmazione: G1 Z-40 ANG=150

E' possibile inoltre programmare in un blocco la sola direzione di taglio ed in quello successivo le coordinate del punto di arrivo in X e Z insieme al valore dell'angolo.

Sintassi di programmazione:
```
G1 ANG=180
G1 Z-38 X40 ANG=166
```

Il punto di arrivo del primo blocco viene calcolato dal CN in base alla posizione del secondo punto e alla direzione delle due rette.

Alla fine del blocco si possono programmare raggi o smussi utilizzando le funzioni RND, RNDM, CHR, CHF.

12.6 Esercitazione pratica

12.6.1 Confronto tra la programmazione punto-punto e diretta
Nel paragrafo 11.5.4 è stato eseguito il programma di finitura del profilo inserendo sempre le coordinate del punto di arrivo.
Si utilizza ora lo stesso disegno dove però il cono è definito mediante la sola quota di arrivo in Z associata al suo angolo di inclinazione.

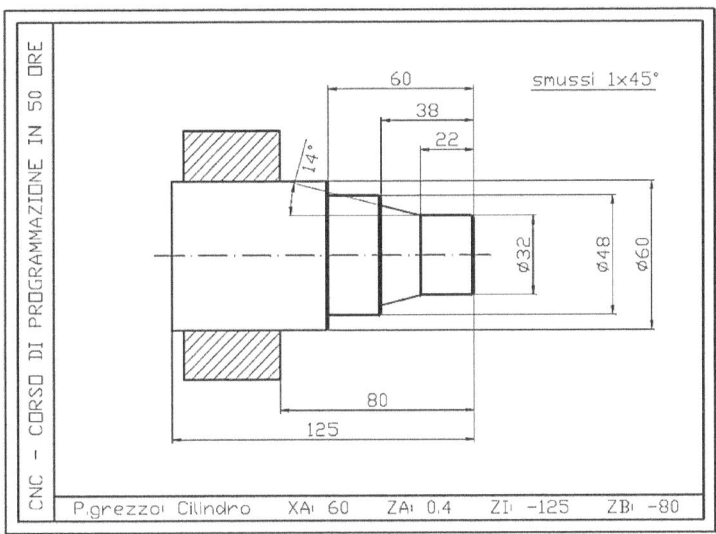

Fig. 97. Programmazione di un profilo utilizzando le funzioni CHR, FRCM e ANG

Aprite il programma PRG_12_01 contenuto nella cartella CAP_11_13.
In questo programma non sono state apportate modifiche al percorso di sgrossatura, viene invece programmata la finitura utilizzando le funzioni di programmazione diretta di smussi e angoli.
Avviata la simulazione grafica ed attivata la modalità di esecuzione in blocco singolo, analizzate le funzioni programmate ed il rispettivo movimento dell'utensile.
Confrontate alla pagina seguente il nuovo programma con quello precedente.
Si noterà come, per realizzare lo smusso di testa, è necessario cambiare il punto di partenza e programmare una retta verticale che si interseca con il blocco successivo con un angolo di 90°.

Il valore dell'angolo di inclinazione da programmare per l'esecuzione del cono è riferito alla direzione positiva dell'asse Z come rappresentato nella figura 96 e nello schema di programmazione nel paragrafo 4.9.

Precedente programma realizzato con la programmazione delle coordinate del punto di arrivo.	Nuovo programma realizzato con la programmazione diretta di smussi e angoli.
;FINITURA DEL PROFILO T2 D1 G95 S1800 M4 **G0 X30 Z2** G1 Z0 F0.1 G1 X32 Z-1 G1 Z-22 G1 X40 Z-38 G1 X46 G1 X48 Z-39 G1 Z-60 G1 X58 G1 X60 Z-61 G1 Z-62 G1 X61 G0 X200 G0 Z200 M30	;FINITURA DEL PROFILO T2 D1 G95 S1800 M4 **G0 X26 Z2** G1 Z0 F0.1 **G1 X32 CHR=1 FRCM=0.04** **G1 Z-22** **G1 Z-38 ANG=166** **G1 X48 CHR=1** **G1 Z-60** **G1 X60 CHR=1** G1 Z-62 G1 X61 G0 X200 G0 Z200 M30

Fig. 98. Confronto tra due programmi che realizzano lo stesso profilo: nella colonna di sinistra mediante la programmazione punto-punto, in quella di destra utilizzando le funzioni di programmazione diretta CHR, FRCM e ANG

Per utilizzare le funzioni di programmazione diretta di smussi e raggi è consigliabile che il blocco in cui sono programmate sia seguito da un movimento di lavoro e non da un movimento rapido.

Lo spazio definito tra il blocco di partenza e quello di arrivo deve essere sufficiente a contenere le dimensioni dello smusso o del raccordo programmato.

12.6.2 Definizione dei dati del grezzo

Le dimensioni del grezzo sono utilizzate dalla simulazione grafica per visualizzare il pezzo da lavorare.
I dati del grezzo devono essere inseriti all'inizio del programma.

Prima di essi è consigliabile scrivere dei commenti che ne riportino le dimensioni, come è stato fatto in tutti i programmi utilizzati fino ad ora.

Seguendo la procedura riportata nel paragrafo 8.10.2, create un nuovo programma principale (.MPF) nella cartella 01_ESERCIZI e nominatelo ES_12_01.
Il programma si presenta vuoto, inserite i commenti che descrivono le dimensioni del grezzo riferendole al disegno di figura 100.

```
; dimensioni del grezzo:
; XA = 50 diametro della barra
; ZA = 0.3 sovrametallo sulla faccia anteriore
; ZI = -100 lunghezza del pezzo finito
; ZB = -70 sporgenza dalle griffe
```

La tabella dei dati del grezzo visualizzata dal CN identifica mediante le lettere XA, ZA, ZI e ZB, i parametri fondamentali per la sua definizione. Il loro significato è riportato nel paragrafo 3.4.

Posizionatevi con il cursore sulla riga successiva ai commenti per inserire i dati del grezzo.

Premete il softkey orizzontale VARIE.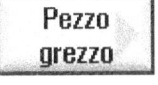

Poi il softkey verticale PEZZO GREZZO.

Inserite i valori e confermate con il tasto ACCETTARE, Accettare.

128

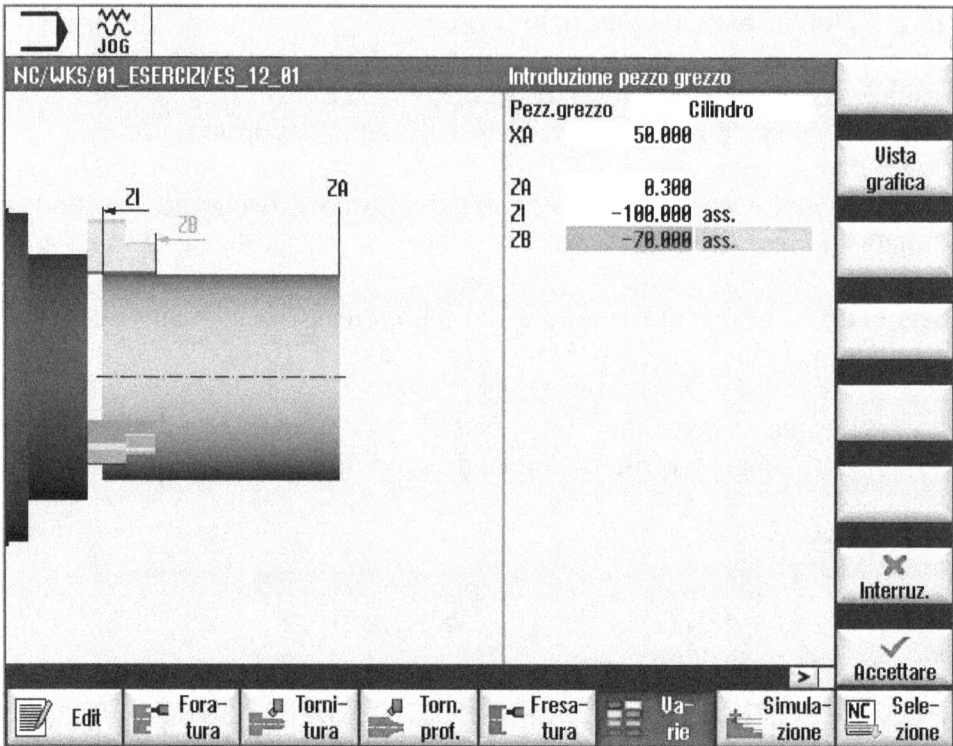

Fig. 99. Pagina per l'inserimento dati del pezzo grezzo

Per tornare indietro e modificare i valori dopo aver accettato, premete con il mouse la freccia visualizzata alla fine del blocco.

```
¶
WORKPIECE(,,"CYLINDER",0,0.3,-100,-70,50)¶
¶
```

Attenzione: tramite il tasto SELECT si può impostare il valore di ZI e ZB con significato assoluto o incrementale. La selezione 'assoluto' indica che il valore espresso è riferito allo zero pezzo; la selezione 'incrementale' indica che il valore espresso è riferito alla faccia anteriore del pezzo comprensiva di sovrametallo di sfacciatura impostato al parametro ZA.

12.6.3 Programmazione di un pezzo

Scrivete nel programma sottostante i dati mancanti.
La freccia (→), prima del numero di blocco, indica di inserire il valore.
Dopo averlo compilato, scrivete il testo completo nel programma ES_12_01 appena creato.

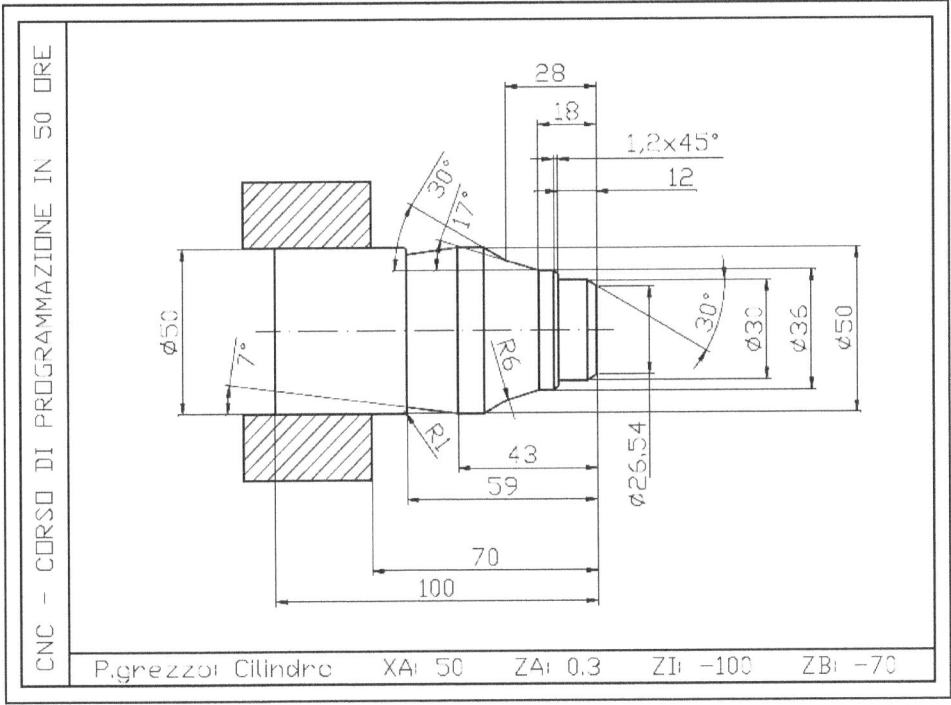

Fig. 100. Inserimento dei dati mancanti per la realizzazione di questo profilo

```
; dimensioni del grezzo:
; XA = 50 diametro della barra
; ZA = 0.3 sovrametallo sulla faccia anteriore
; ZI = -100 lunghezza del pezzo finito
; ZB = -70 sporgenza dalle griffe
N10 WORKPIECE(,,,"CYLINDER",0,0.3,-100,-70,50)

N20 G18 G54 G90
N30 G0 X400 Z500
N40 M8
N50 SETMS(1)

N60 LIMS=2200
```

```
N70 T1 D1
N80 G96 S100 M4
→ N90 G0 X52 Z............ ; POSIZIONAMENTO PER LA SFACCIATURA
N100 G1 X-1.6 F0.18
→ N110 G0 X............ Z2 ; DIAM. DI PARTENZA DELLO SMUSSO A 30°
N115 G1 Z0
→ N120 G1 X30 ANG=............ ; ANGOLO PER REALIZZARE LO SMUSSO
N130 G1 Z-12
→ N140 G1 X36 CHR=............ ; DIMENSIONE DELLO SMUSSO A 45°
N150 G1 Z-18
→ N160 G1 Z-28 ANG=............ RND=............ ; ANGOLO DI INCLINAZIONE
DELLA PRIMA RETTA E VALORE DEL RACCORDO TRA I DUE SEGMENTI
→ N170 G1 X50 ANG=............ ; ANGOLO DI INCLINAZIONE DELLA
SECONDA RETTA
N180 G1 Z-43
→ N190 G1 Z-59 ANG=............ ; ANGOLO DI INCLINAZIONE DELLA RETTA
→ N200 G1 X50 RND=............ ; RAGGIO DEL RACCORDO CON IL DIAM. 50
N210 G1 Z-61
N220 G1 X51

N230 G0 X200 ; ALLONTANAMENTO
N240 G0 Z200
N250 M30
```

Confrontate il vostro programma con quello contenuto nella cartella ESERCIZI_SVOLTI, di nome ES_12_01.

13. Interpolazione circolare (1h)
(teoria: 0.5h, pratica: 0.5h)

13.1 G2: interpolazione circolare in senso orario

La funzione G2 permette di programmare archi di cerchio percorsi dall'utensile in senso orario. Il senso orario viene definito secondo lo schema di programmazione riportato nel paragrafo 4.9.

L'arco di cerchio si programma scrivendo la funzione G2 seguita dalle coordinate del punto di arrivo e dalle dimensioni del raggio (CR=).

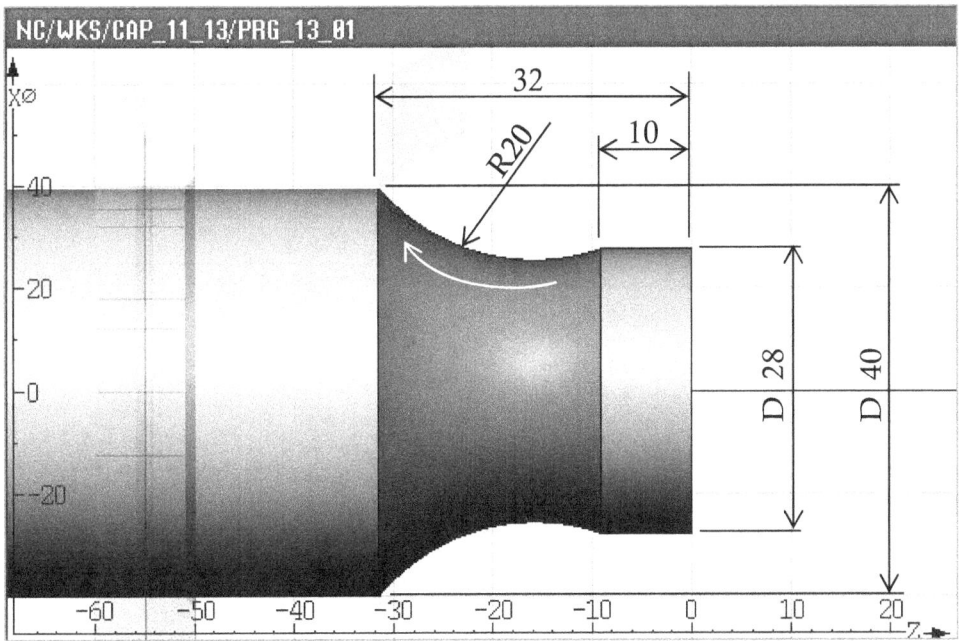

Fig. 101. G2 : interpolazione circolare in senso orario

Qui di seguito un esempio di programma per realizzare il profilo riportato nella figura 101:

```
N10 WORKPIECE(,,,"CYLINDER",0,0,-80,-50,40)
N20 G18 G54 G90
N30 G0 X400 Z500
N40 M8
N50 SETMS(1)
N60 T1 D1 ; UTENSILE TORNITORE
N70 G95 S1400 M4
N80 G0 X28 Z2
N90 G1 Z-10 F0.18
N100 G2 X40 Z-32 CR=20
N110 G1 X41
N120 G0 X200
N130 G0 Z200
N140 M30
```

13.2 G3: interpolazione circolare in senso antiorario

La funzione G3 permette di programmare archi di cerchio percorsi dall'utensile in senso antiorario.

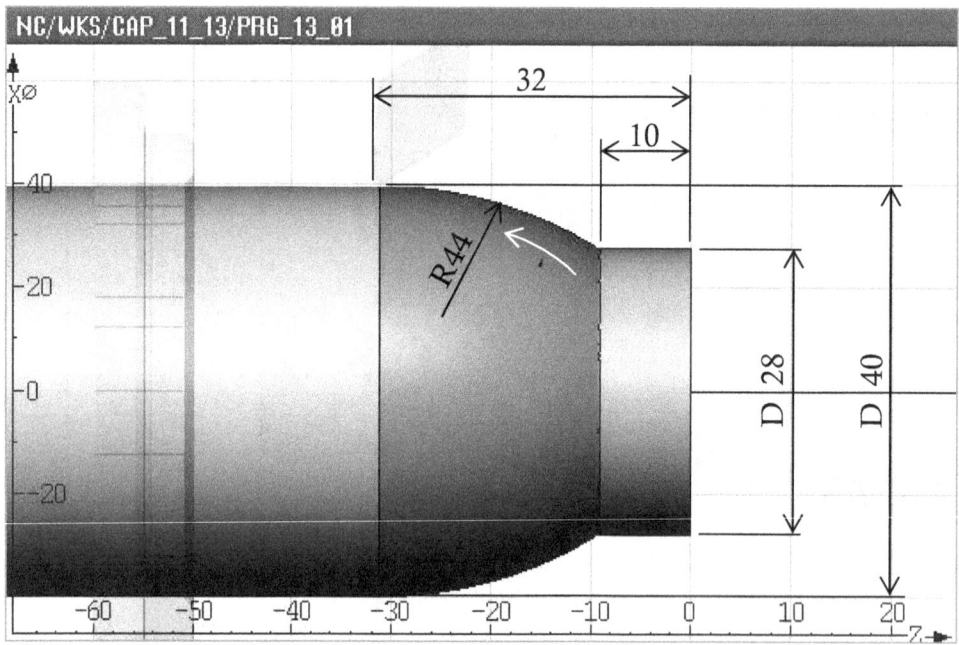

Fig. 102. G3 : interpolazione circolare in senso antiorario

Qui di seguito un esempio di programma per realizzare il profilo riportato nella figura 102:

```
N10  WORKPIECE(,,,"CYLINDER",0,0,-80,-50,40)
N20  G18 G54 G90
N30  G0 X400 Z500
N40  M8
N50  SETMS(1)
N60  T1 D1 ; UTENSILE TORNITORE
N70  G95 S1400 M4
N80  G0 X28 Z2
N90  G1 Z-10 F0.18
N100 G3 X40 Z-32 CR=44
N110 G1 X41
N120 G0 X200
N130 G0 Z200
N140 M30
```

13.3 I, K, I=AC(...), K=AC(...): progr. del centro del raggio

Nei paragrafi precedenti si è definito l'arco di cerchio programmando il suo punto di arrivo ed il valore del raggio.

Un'altra possibilità è quella di programmare, al posto del raggio, le coordinate del centro del raggio su X e Z (oppure Y quando disponibile).

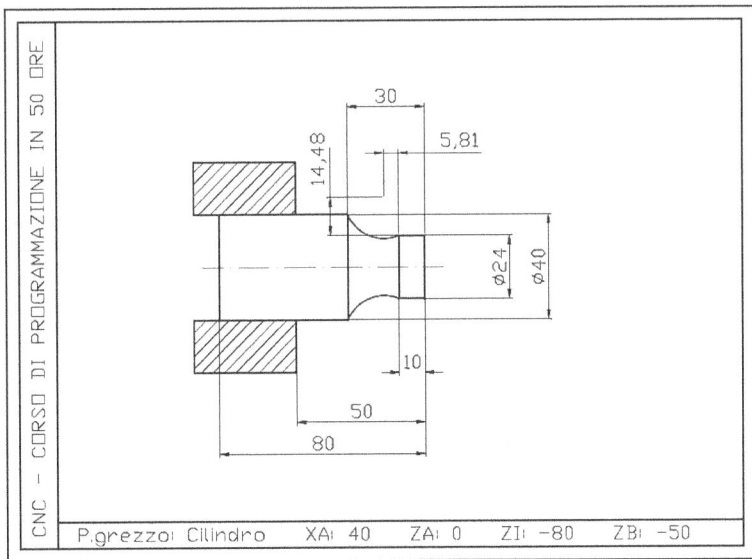

Fig. 103. Programmazione di un arco mediante le coordinate del centro del raggio

Tali coordinate possono essere espresse come valori incrementali riferiti al punto di partenza dell'arco utilizzando gli indirizzi I e K.

> **I: esprime la coordinata del centro del raggio rispetto al punto di partenza dell'arco sull'asse delle X (con valore radiale).**
> **K: esprime la coordinata del centro del raggio rispetto al punto di partenza dell'arco sull'asse delle Z.**

Il seguente programma esegue il profilo del disegno di figura 103:

```
N10 WORKPIECE(,,,"CYLINDER",0,0,-80,-50,40)
N20 G18 G54 G90
N30 G0 X400 Z500
N40 M8
N50 SETMS(1)
N60 T1 D1 ; UTENSILE TORNITORE
N70 G95 S1400 M4
N80 G0 X24 Z2
N90 G1 Z-10 F0.18
N100 G2 X40 Z-30 I14.48 K-5.81
N110 G1 X41
N120 G0 X200
N130 G0 Z200
N140 M30
```

Si possono programmare anche le coordinate assolute del centro del raggio riferite allo zero pezzo utilizzando i seguenti indirizzi:

> **I=AC(...), coordinata assoluta in X (con valore diametrale) del centro del raggio sull'asse delle X.**
> **K=AC(...): coordinata assoluta in Z del centro del raggio sull'asse delle Z.**

Lo stesso raggio di figura 103 si può programmare come segue:

```
N80 G0 X24 Z2
N90 G1 Z-10 F0.18
N100 G2 X40 Z-30 I=AC(52.96) K=AC(-15.81)
N110 G1 X41
```

> **J e J=AC(...) esprimono la coordinata del centro del raggio rispetto al punto di partenza dell'arco sull'asse Y (piano G19).**

13.4 Definizione del piano di lavoro

Nelle operazioni di tornitura l'utensile si sposta sempre nel piano X-Z. Quando in macchina è presente l'asse Y (vedere paragrafo 4.5) si aggiungono due nuovi piani di lavoro (X-Y e Z-Y) esclusivamente utilizzati per le lavorazioni di fresatura.

Le funzioni di interpolazione circolare richiedono che, prima della loro esecuzione, venga programmato il piano di lavoro dell'utensile.

>   G18   definisce il piano di lavoro Z-X
>   G19   definisce il piano di lavoro Y-Z
>   G17   definisce il piano di lavoro X-Y

Nel tornio, il piano X-Z è normalmente già attivo all'accensione della macchina. Fino a quando si eseguono lavorazioni di tornitura non è quindi necessario riprogrammarlo; tra i primi blocchi è stata sempre inserita la funzione G18 solamente per ricordare la presenza di questa istruzione. Si programmeranno le funzioni G17 e G19 prima delle operazioni di fresatura eseguite su questi piani.

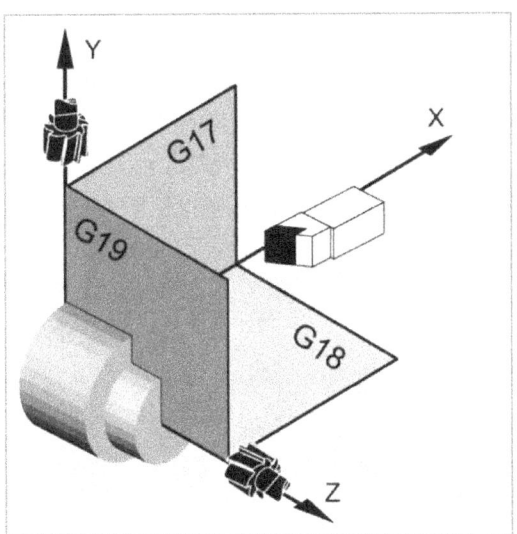

Fig. 104. Funzioni per la definizione del piano di lavoro

La definizione del piano di lavoro è indispensabile, oltre che per le interpolazioni circolari, anche per le funzioni di compensazione raggio utensile e la programmazione diretta degli angoli.

13.5 Esercitazione pratica

13.5.1 Programmazione di differenti raggi

Aprite il programma PRG_13_01 contenuto nella cartella CAP_11_13. Duplicatelo nella cartella 01_ESERCIZI e rinominatelo in ES_13_01. Questo programma contiene nel blocco N100 l'esecuzione di un arco. **Sostituite il blocco N100 con quelli proposti successivamente, avviate la simulazione grafica, attivate la modalità di esecuzione in blocco singolo ed osservate il percorso utensile programmato.**

Per rompere lo spigolo vivo alla fine dell'arco mediante un raccordo, programmate RND= nel blocco di G2; ricordate di controllare ed eventualmente modificare (come in questo caso) la direzione del blocco successivo con il quale si raccorda.

```
N90 G1 Z-10 F0.18
N100 G2 X40 Z-32 CR=20 RND=4
G1 Z-36
N110 G1 X41
```

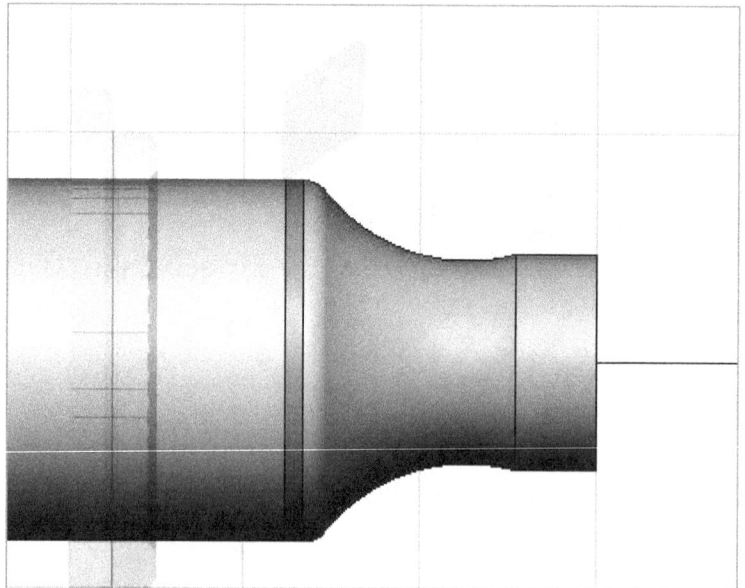

Fig. 105. Raccordo tra un raggio e la retta successiva utilizzando G2 e RND

Per rompere lo spigolo vivo alla fine dell'arco mediante uno smusso, programmate CHR= o CHF= nel blocco di G2 e, come prima, ricordate di controllare la direzione del blocco successivo con il quale l'arco si interseca.

```
N90 G1 Z-10 F0.18
N100 G2 X40 Z-32 CR=20 CHR=5
G1 Z-34
N110 G1 X41
```

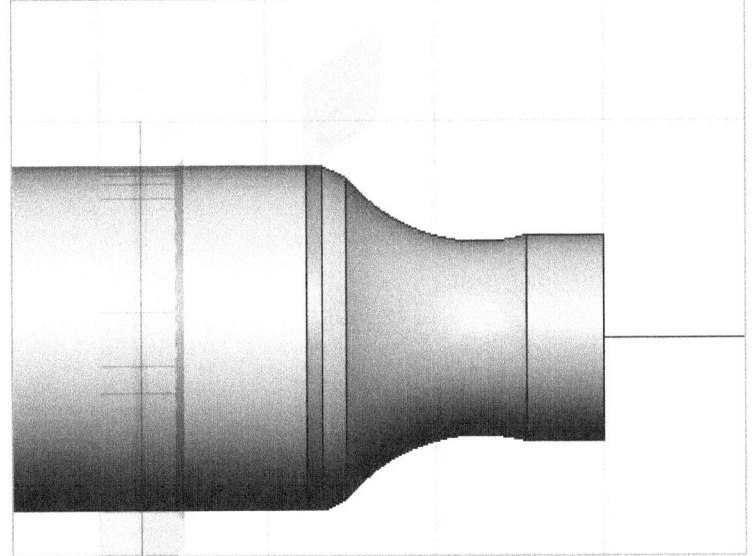

Fig. 106. Smusso tra un raggio e la retta successiva utilizzando G2 e CHR

Utilizzate ora la funzione G3 ed osservate come cambia la forma del raggio programmato.

```
N90 G1 Z-10 F0.18
N100 G3 X40 Z-32 CR=40
N110 G1 X41
```

138

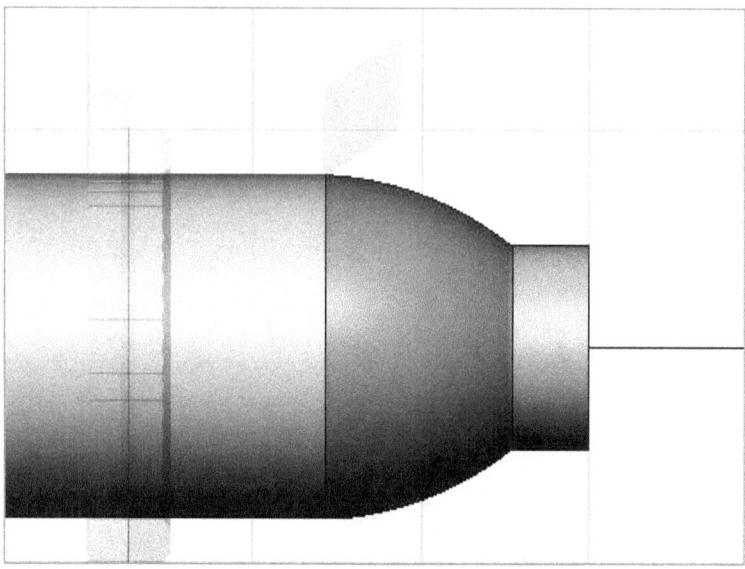

Fig. 107. Utilizzo della funzione G3

Sostituite ora il blocco N100 con i seguenti blocchi ed analizzate il profilo da loro descritto.

```
N90  G1 Z-10 F0.18
N100 G2 X40 Z-32 I18.35 K-6.81
N110 G1 X41
```

```
N90  G1 Z-10 F0.18
N100 G2 X40 Z-32 I=AC(64.7) K=AC(-16.81)
N110 G1 X41
```

Sperimentate la programmazione di differenti raggi cambiando le coordinate del punto di arrivo e le dimensioni del raggio. Nel caso di raggi e punti programmati non correttamente saranno visualizzati degli allarmi.

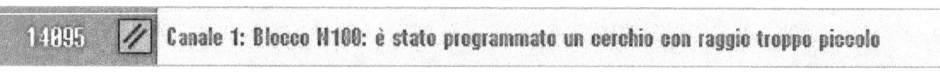

Fig. 108. Tipo di allarme generato in caso di errore di programmazione di un raggio

14. Prima verifica d'apprendimento (2h)
(pratica: 2h)

14.1 Introduzione alla verifica
La verifica consiste nell'eseguire il programma che realizza il pezzo riportato nella figura 111. Procedere come segue:
- Caricate il file degli utensili che trovate all'interno della cartella 01_ESERCIZI di nome LISTA_UT_VUOTA. Questo file cancella tutti gli utensili esistenti sovrascrivendoli con il solo utensile di sgrossatura definito al suo interno. Per caricare questo file seguire la procedura riportata nel paragrafo 3.3.
- Create ora gli utensili necessari all'esecuzione di questo programma seguendo la procedura riportata nel paragrafo 7.5.1. Qui di seguito è riportata la lista degli utensili necessari, la loro posizione all'interno della torretta, i dati di azzeramento in X e Z ed i dati per definirne l'aspetto grafico.

Posto	Tipo	Nome utensile	ST	D	Lungh. X	Lungh. Z	⌀	N			
1		UTENSILE SGROSSAT	1	1	88.000	40.000	0.800 ←		93.0	55	11.0
2		UTENSILE FINITORE	1	1	94.000	40.000	0.200 ←		93.0	55	11.0
3		UT PER GOLE 3MM	1	1	98.000	40.000	0.100	3.000			10.0
4		FILETT EST METRICO	1	1	88.000	46.000	0.200				
5		CENTRINO D6	1	1	100.000	24.000	6.000	118.0			
6		PUNTA FISSA ASS D8.5	1	1	100.000	56.000	8.500	118.0			

Fig. 109. Lista degli utensili da creare ed utilizzare nel programma di verifica

- Create all'interno della cartella 01_ESERCIZI un programma principale vuoto e nominatelo VER_14_01.
- Strutturate il programma come quelli visti fino ad ora:

- Inserite in testa al programma i commenti che riportano le dimensioni del grezzo, se volete copiare dei blocchi da programmi già esistenti fate riferimento al paragrafo 14.4
- Definite le dimensioni del grezzo secondo la procedura riportata nel paragrafo 12.6.2
- Inserite i blocchi che attivano le impostazioni di partenza e la posizione di sicurezza:
  ```
  G18 G54 G90
  G0 X400 Z500
  M8
  SETMS(1)
  ```
- Procedete con la programmazione delle lavorazioni seguendo la sequenza logica riportata nel paragrafo 5.2.

14.2 Lavorazioni e parametri di taglio

Sequenza di lavorazione	Utensile	Operazione	Velocità di taglio (m/min)	Avanzamento (mm/giro)
1^a	T1 D1	Sgrossatura	100	0.18
2^a	T2 D1	Finitura	120	0.12
3^a	T3 D1	Gola	78	0.1
4^a	T4 D1	Filettatura	60	-
5^a	T5 D1	Centrino	80	0.08
6^a	T6 D1	Foro D8.5	80	0.1

Fig. 110. Sequenza delle lavorazioni e parametri di taglio da utilizzare nella verifica

14.3 Disegno del pezzo da realizzare

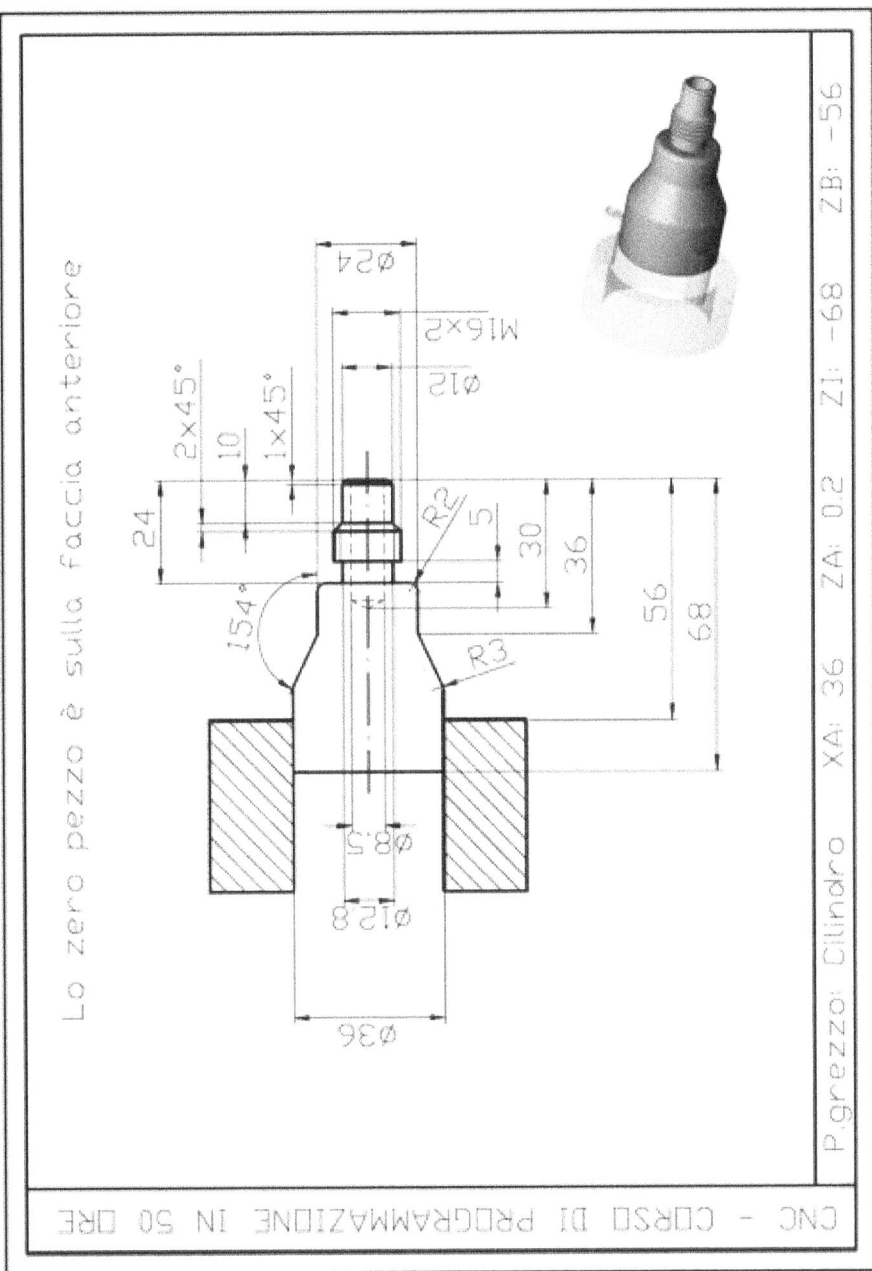

Fig. 111. Disegno del pezzo da realizzare

14.4 Esecuzione del copia e incolla di parte di un programma

Per velocizzare la programmazione si può copiare o tagliare parte di un programma per inserirlo in una nuova posizione.

Posizionatevi con il cursore sul blocco iniziale della parte di programma da copiare o tagliare,

premete quindi il tasto EVIDENZIARE, [Eviden-ziare]

scendete con il cursore e selezionate i blocchi.

Premete quindi COPIARE o RITAGLIARE, [Copiare] [Ritaglia-re]

Posizionatevi con il cursore nella posizione dove copiare oppure spostare il testo selezionato. La nuova posizione può essere all'interno dello stesso programma oppure in uno diverso.

Premete quindi il tasto INSERIRE, [Inserire]

14.5 Correzione del programma

Confrontate il vostro programma con quello contenuto nella cartella ESERCIZI_SVOLTI, di nome VER_14_01.

15. Compensazione raggio utensile (1h)
(teoria: 0.5h, pratica: 0.5h)

15.1 Introduzione

Quando si azzera un utensile si inserisce nell'apposita pagina delle geometrie la distanza tra la punta dell'utensile ed il punto caratteristico della slitta su tutti gli assi sui quali la slitta si muove, in questo caso X e Z (paragrafo 6.2.2).
Sia che questi valori vengano ottenuti tramite sfioro del pezzo o mediante misurazione eseguita fuori macchina, il punto definito sull'asse X non coincide con quello definito sull'asse Z.
Questo è dovuto alla presenza del raggio dell'inserto.

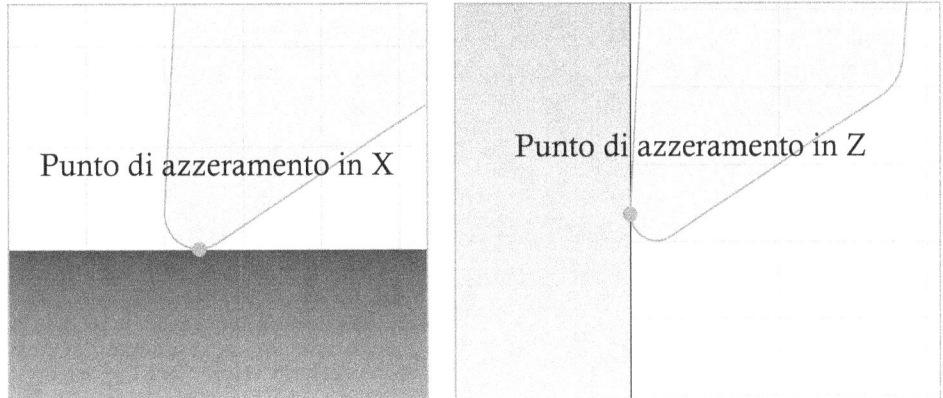

Fig. 112. Punti di azzeramento sull'asse X e Z in presenza del raggio utensile

La distanza tra i due punti aumenta con l'aumentare della dimensione del raggio dell'inserto.
I valori di azzeramento in X e Z definiscono le coordinate del punto utilizzato dal CN per eseguire il percorso programmato, questo si trova sullo spigolo tagliente senza considerare la presenza del raggio dell'inserto, come se l'utensile fosse a spigolo vivo (vedi figura 113).

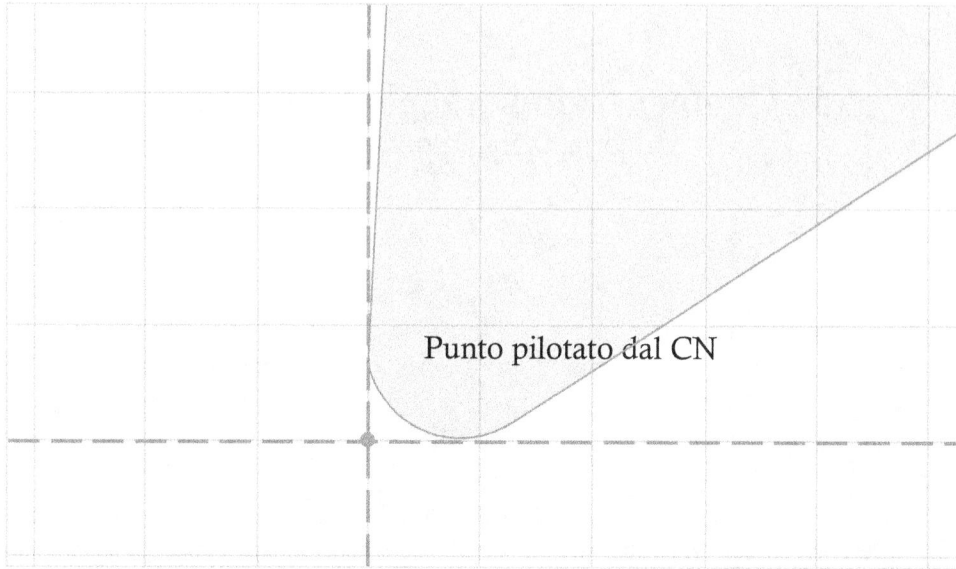

Fig. 113. Punto pilotato dal CN in seguito all'azzeramento dell'utensile

Quando si eseguono torniture cilindriche e spallamenti retti, la presenza del raggio inserto non comporta alterazioni nell'esecuzione del profilo poiché il punto pilotato dal CN si trova esattamente sullo spigolo tagliente che determina la forma e la dimensione del pezzo.

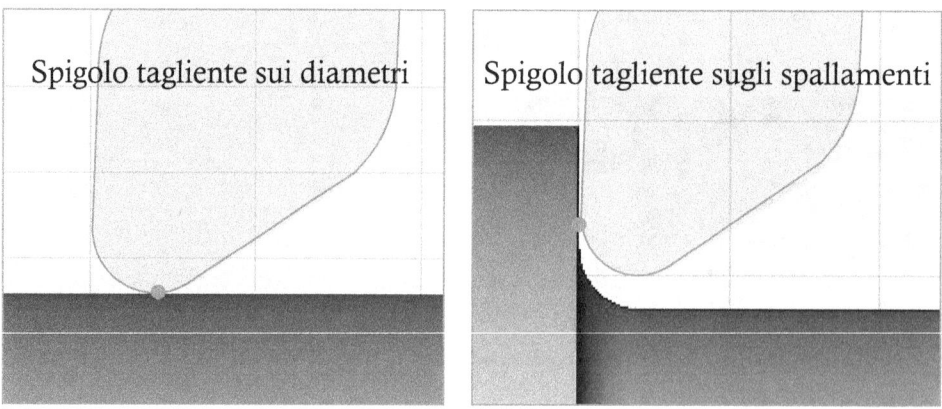

Fig. 114. Assenza di alterazioni dovute al raggio utensile su diametri e spallamenti

La presenza del raggio utensile comporta invece errori di descrizione del profilo durante la tornitura di parti coniche e nell'esecuzione di interpolazioni circolari.

Quando l'utensile percorre profili conici, il punto pilotato dal CN non corrisponde allo spigolo dell'utensile che taglia il materiale. Questo causa un errore dimensionale sul profilo descritto.
L'angolo di inclinazione invece non cambia, mantenendo geometricamente corretta la conicità realizzata.

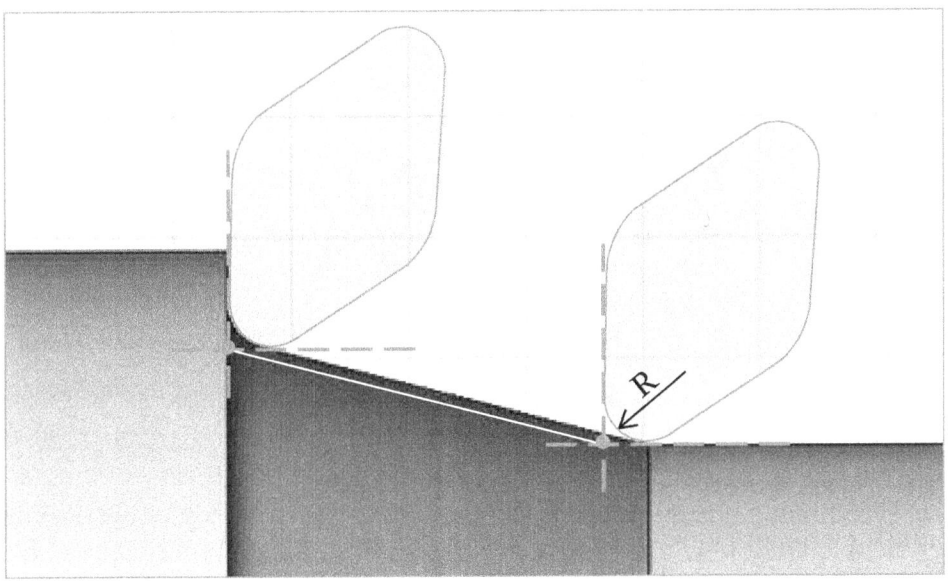

Fig. 115. Errore dimensionale causato dal raggio dell'inserto nell'esecuzione di torniture coniche

Come si vede in figura il profilo programmato, indicato dalla linea bianca, non corrisponde al profilo realizzato dall'utensile.

Anche nell'esecuzione di interpolazioni circolari il profilo descritto non corrisponde al profilo programmato.
Nella figura seguente potete osservare quanto diverso sia il profilo programmato da quello effettivamente realizzato dall'utensile.

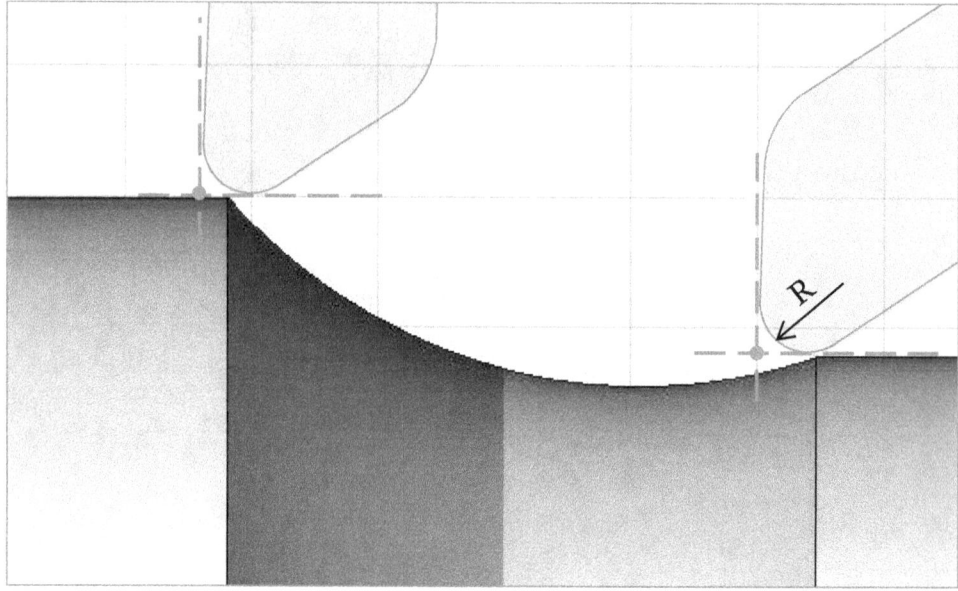

Fig. 116. Errore causato dal raggio dell'inserto nell'esecuzione di una interpolazione circolare

La correzione automatica del percorso utensile avviene attivando le funzioni modali G42 e G41, queste sono disabilitate dalla funzione G40.

Le informazioni necessarie al CN per correggere automaticamente il percorso dell'utensile sono:
- la dimensione del raggio utensile
- la posizione del raggio rispetto al punto di azzeramento

Queste informazioni sono inserite nella pagina delle geometrie durante la descrizione grafica dell'utensile (vedi figure 67 e 68 al capitolo 7).

In tutti i CN che non dispongono di descrizione grafica dell'utensile, l'orientamento del punto di azzeramento rispetto al raggio (chiamato anche quadrante dell'utensile) viene definito secondo un codice ISO standard riportato nella figura successiva.

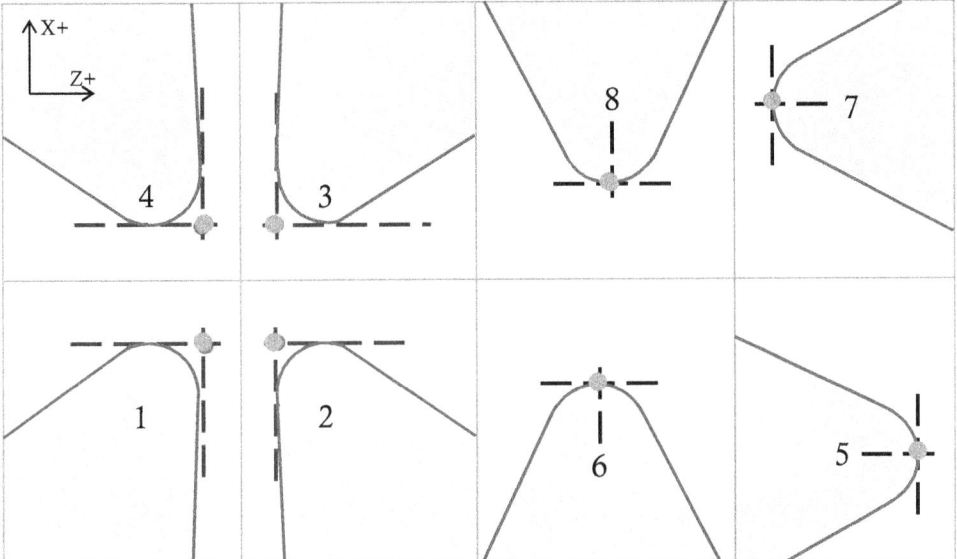

Fig. 117. Codice quadrante che definisce la posizione del raggio rispetto al punto di azzeramento

Nel caso il punto di azzeramento sia al centro del raggio che deve essere compensato (come nel caso delle frese), il codice quadrante che lo definisce è 0 oppure 9.

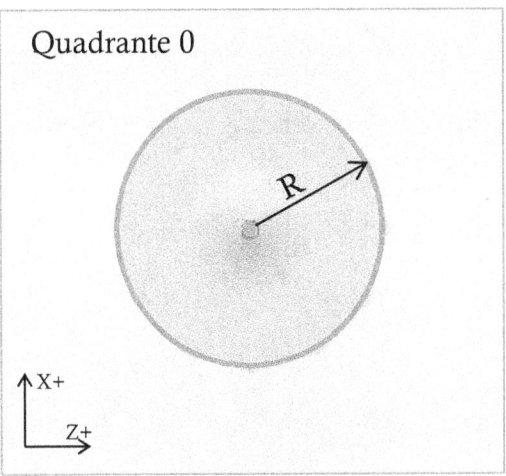

Fig. 118. Codice quadrante 0 oppure 9 per utensili azzerati al centro del raggio

15.2 G42: attivazione con utensile a destra del profilo

Dopo avere definito nella tabella delle geometrie il valore del raggio e la sua posizione rispetto al punto di azzeramento, è necessario attivare la appropriata funzione di compensazione raggio utensile all'interno del programma.

Quando l'utensile si trova a destra del profilo si utilizza la funzione G42. La destra e la sinistra sono definiti dal verso di taglio dell'utensile.

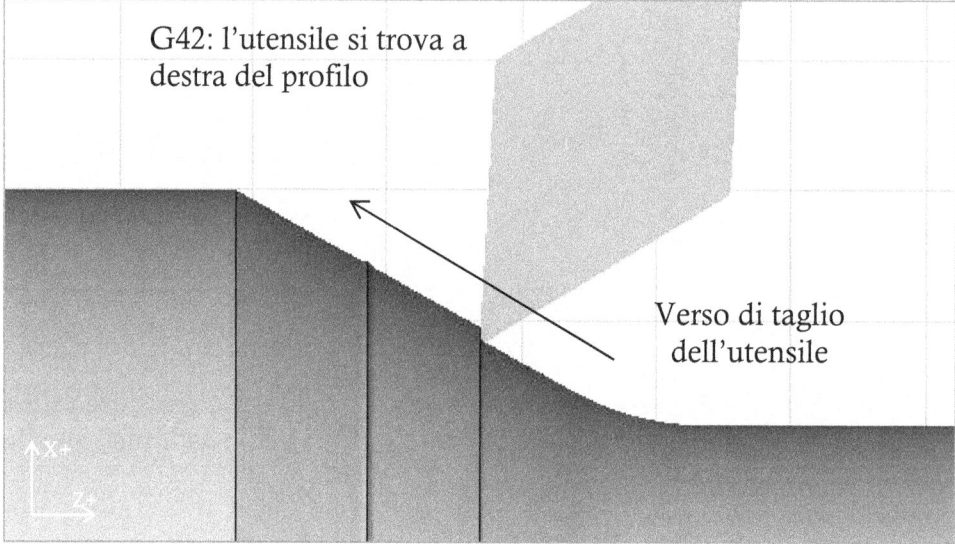

Fig. 119. G42: utensile di raggio 0.2, quadrante 3, a destra del profilo

Attenzione! Valutare il lato destro e sinistro come se camminaste sul profilo nel verso di taglio.

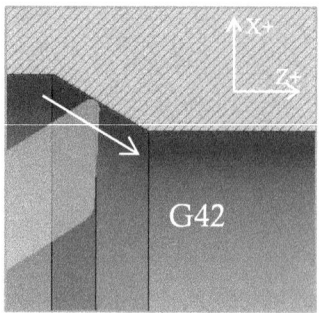

Fig. 120. G42: utensile di raggio 0.8, quadrante 1, a destra del profilo

15.3 G41: attivazione con utensile a sinistra del profilo

Con l'utensile a sinistra del profilo si programma la funzione G41.

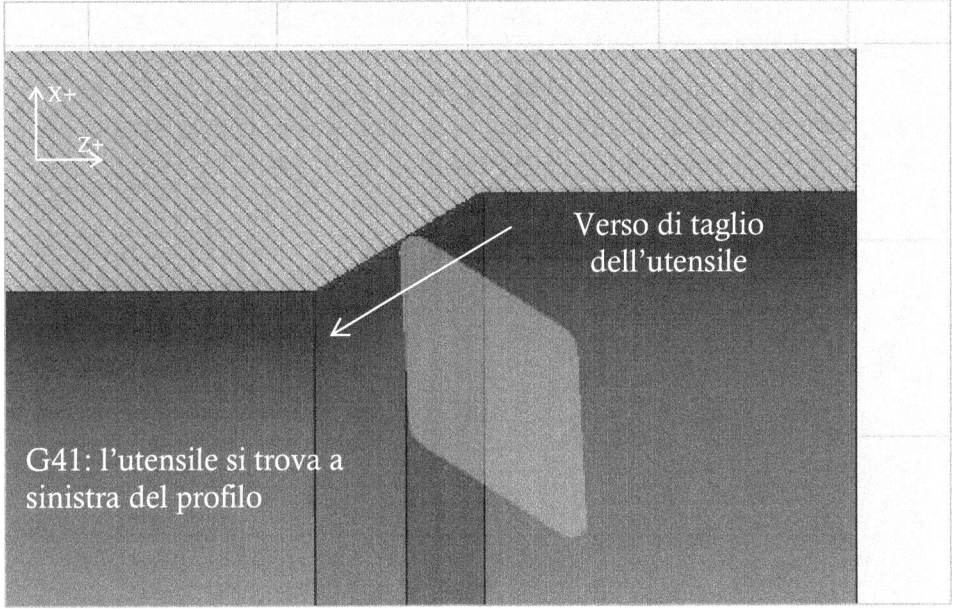

Fig. 121. G41: utensile di raggio 0.8, quadrante 2, a sinistra del profilo

Fate attenzione a non associare le funzioni G42 o G41 a profili esterni od interni poiché **l'unica valutazione corretta è quella di riconoscere la posizione dell'utensile a destra o a sinistra del profilo rispetto alla direzione ed al verso di taglio.**

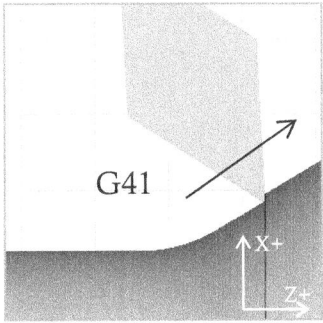

Fig. 122. G41: utensile di raggio 0.2, quadrante 4, a sinistra del profilo

15.4 Modalità di attivazione e disattivazione con G40

Nei blocchi che ospitano le funzioni di attivazione e disattivazione della compensazione raggio utensile, il CN corregge la traiettoria programmata per prepararsi ad eseguire il profilo in maniera corretta.

Inserite quindi queste funzioni sempre in blocchi esterni al profilo, come per esempio il blocco di avvicinamento per l'attivazione ed il blocco di allontanamento per la disattivazione, assicurandovi che lo spostamento programmato sia superiore alla dimensione del raggio da compensare.

G40 è la funzione che disabilita G41 e G42.

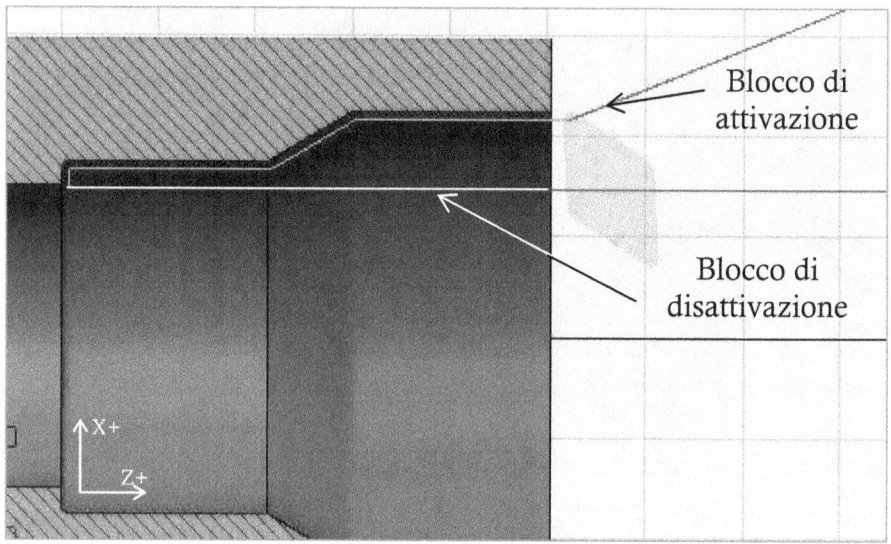

Fig. 123. Blocchi di attivazione e disattivazione esterni al profilo

Qui di seguito un esempio di programma per definire il profilo riportato nella figura soprastante.

```
T12 D1
G95 S1800 M4
G0 X45 Z2 G41 ; BLOCCO DI ATTIVAZIONE ESTERNO AL PROFILO
G1 Z-20 F0.1
G1 X35 ANG=210
G1 Z-50
G1 X28
G0 Z2 G40 ; BLOCCO DI DISATTIVAZIONE ESTERNO AL PROFILO
G0 Z200 X200
```

15.5 Esercitazione pratica

15.5.1 Analisi di un programma
Scrivete nel programma sottostante i dati mancanti.
La freccia (→), prima del numero di blocco, indica di inserire il valore mancante.

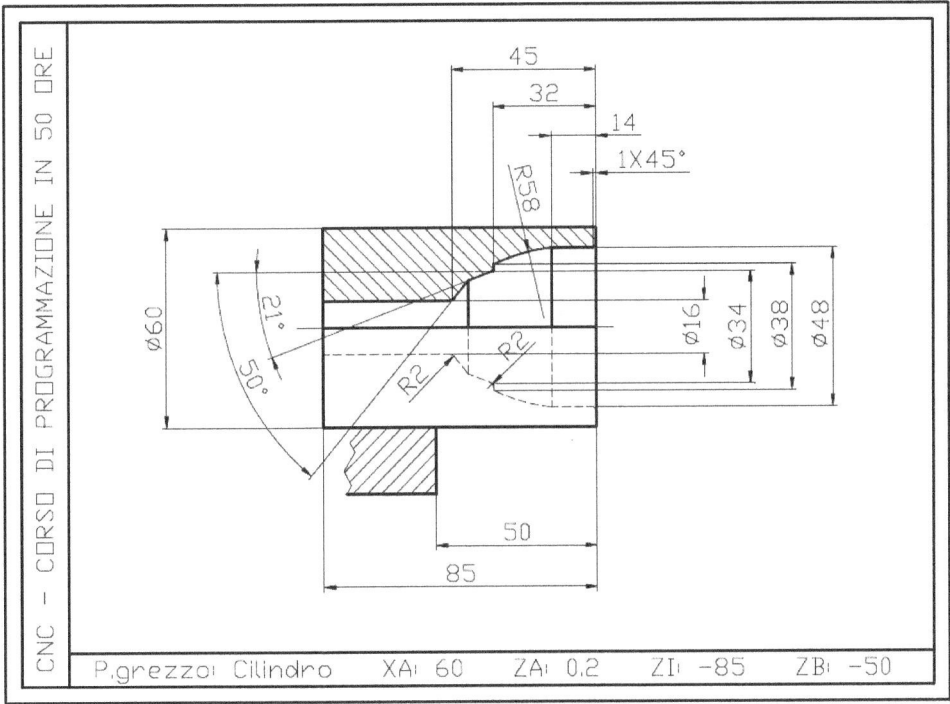

Fig. 124. Disegno del pezzo da realizzare

```
; dimensioni del grezzo:
; XA = 60 diametro della barra
; ZA = 0.2 sovrametallo sulla faccia anteriore
; ZI = -85 lunghezza del pezzo finito
; ZB = -50 sporgenza dalle griffe
N10 WORKPIECE(,,,"CYLINDER",0,0.2,-85,-50,60)

N20 G18 G54 G90
N30 G0 X400 Z500
N40 M8
N50 SETMS(1)

N60 LIMS=3000 ; LIMITAZIONE A 3000 GIRI AL MIN.
N70 T1 D1 ; TORNITORE PER ESTERNI
```

16.8 TRANS/ATRANS: spostamento incrementale dello zero pezzo

La funzione TRANS permette di spostare dal programma lo zero pezzo incrementando i valori inseriti nelle funzioni di spostamento origine assoluta: G54, G55, G56 e G57.

Il comando TRANS deve essere seguito dalla lettera che indica l'asse e dal valore di spostamento incrementale da eseguire.

La programmazione di 'TRANS Y50' significa che si vuole incrementare lo spostamento origine assoluto attivo (ad esempio G54) di 50 mm nel verso positivo dell'asse Y.

TRANS si può programmare su tutti gli assi lineari (X, Y, Z) presenti in macchina. La funzione ATRANS incrementa ulteriormente lo spostamento origine programmato attraverso la funzione TRANS.

Nei centri di lavoro si possono utilizzare queste funzioni per replicare l'esecuzione di una parte di programma in più punti del pezzo (vedi figura 135-2).

Un'altra possibilità è quella di montare più pezzi grezzi sulla tavola della macchina e traslare l'esecuzione completa del programma da un pezzo grezzo all'altro.

Nel tornio queste funzioni sono maggiormente utilizzate quando si decide di definire lo zero pezzo all'interno del programma. Si può ad esempio utilizzare la funzione G54 per spostare lo zero macchina in un punto fisso (es.: la faccia delle griffe) per poi programmare la funzione TRANS seguita dalla lettera 'Z' associata alla sporgenza della faccia del pezzo dalle griffe (vedi figura 135-1).

Per cancellare la funzione programmare TRANS X0 Y0 Z0.

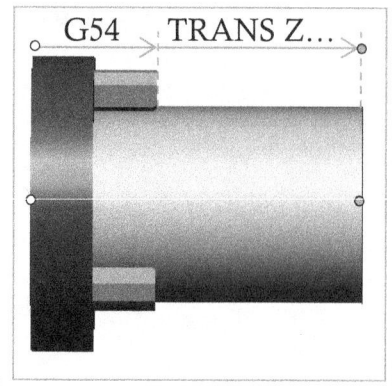
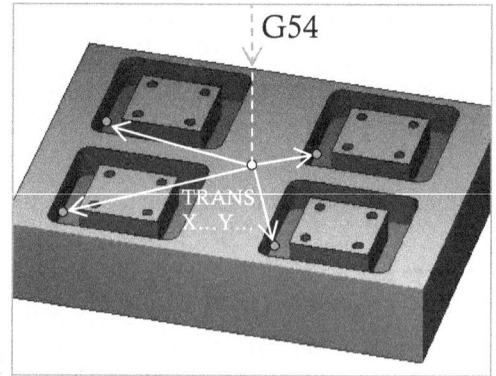

Fig. 135. Utilizzo di TRANS: 1: in un tornio; 2: in un centro di lavoro

16.9 Posizione del punto comandato dal CN e geometria utensili

Il punto comandato dal CN è sempre posto dal costruttore nel centro di rotazione del mandrino sul piano di attacco del portautensile (fig.136-1). Gli attacchi degli utensili sono normalmente standardizzati e di tipo conico, con dimensione che varia in base alla grandezza massima degli utensili che si possono montare in macchina.

In tutti i centri di lavoro si utilizzano utensili concentrici al punto comandato dal CN, questo comporta che i valori di geometria sugli assi X e Y sono sempre uguali a zero, mentre il valore di azzeramento sull'asse Z corrisponde alla distanza che c'è tra la punta dell'utensile e il piano di attacco del portautensile (fig.136-2).

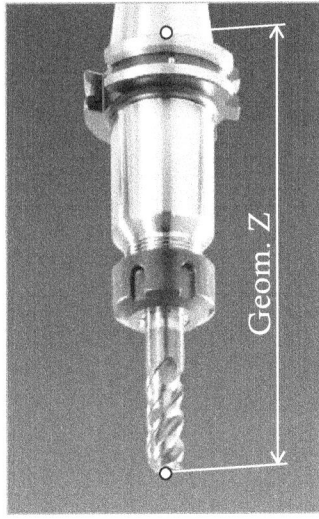

Fig. 136. 1:Punto comandato dal CN; 2:Valore di azzeramento di una fresa sull'asse Z

Per ottenere il valore di azzeramento in Z mediante sfioro del pezzo:
- si programma in MDA l'attivazione dello zero pezzo utilizzando la funzione di spostamento origine impostata nel programma (G54),
- si sfiora il pezzo ad un valore conosciuto rispetto allo zero pezzo,
- si inserisce questo valore e si attiva il calcolo automatico.

Un altro metodo è quello di misurare la geometria dell'utensile fuori macchina sia utilizzando un altimetro oppure mediante appositi sistemi di misurazione esterna come quello rappresentato nella figura 137.

```
N80 G96 S100 M4 ; ATTIVAZIONE DELLA VELOCITA' DI TAGLIO
COSTANTE
N90 G0 X62 Z0 ; AVVICINAMENTO
→ N100 G1 X............. F0.18 ; SFACCIATURA
N110 G0 X200 Z200 ; ALLONTANAMENTO

N120 T11 D1 ; PUNTA ASSIALE DESTRA DIAMETRO 16 MM
N130 G95 S1100 M3 ; ATTIVAZIONE DEL NUMERO DI GIRI FISSO
N140 G0 X0 Z2 ; AVVICINAMENTO
N150 G1 Z-30 F0.12 ; PRIMA PASSATA DI FORATURA
N160 G4 S2 ; ATTESA DI 2 GIRI DEL MANDRINO
N170 G0 Z5 ; USCITA IN RAPIDO PER SCARICO DEL TRUCIOLO
N180 G1 Z-29 F2 ; ENTRATA CON AVANZAMENTO DI LAVORO ALTO
N190 G1 Z-60 F0.12 ; SECONDA PASSATA FINO A Z-60
N200 G4 S2
N210 G0 Z5
→ N220 G1 Z............. F2
N230 G1 Z-90 F0.12
N240 G0 Z200 ; ALLONTANAMENTO IN Z

N250 T12 D1 ; BARENO PER ESEGUIRE LA TORNITURA INTERNA
N260 G96 S120 M4 ; ATTIVAZIONE DELLA VELOCITA' DI TAGLIO
COSTANTE
N270 G0 X22 Z2
N280 G1 Z-41 F0.14 ; PRIMA PASSATA DI SGROSSATURA
N290 G0 X20 Z2
N300 G0 X28
N310 G1 Z-34 ; SECONDA PASSATA DI SGROSSATURA
N320 G0 X26 Z2
N330 G0 X34
N340 G1 Z-31.8 ; TERZA PASSATA DI SGROSSATURA
N350 G0 X32 Z2
N360 G0 X40
N370 G1 Z-28 ; QUARTA PASSATA DI SGROSSATURA
N380 G0 X38 Z2
N390 G0 X46
N400 G1 Z-16 ; QUINTA PASSATA DI SGROSSATURA
N410 G0 X44 Z5

;INIZIO DELLA FINITURA UTILIZZANDO LO STESSO UTENSILE
N420 G96 S150 M4 ; ATTIVAZIONE DELLA VELOCITA' DI TAGLIO
COSTANTE
N430 G0 X50 Z5
N440 G0 Z2 G41
N450 G1 Z0 F0.1
N460 G1 Z-1 ANG=225
→ N470 G1 Z.............
→ N480 G3 X............. Z-32 CR=58
```

```
→ N490 G1 X34 RND=..............
  N500 G1 ANG=201
→ N510 G1 X.............. Z-45 ANG=230 RND=2
  N520 G1 Z-48
  N530 G1 X15
  N540 G0 Z5 G40
  N550 G0 X200 Z200
  N560 M30
```

Aprite ora il programma ES_15_01 nella cartella 01_ESERCIZI ed inserite i valori.

Prima di avviare la simulazione grafica create i due utensili utilizzati in questo ciclo (paragrafo 7.5):
- in posizione 11, una punta assiale diametro 16 mm
- in posizione 12, un bareno.

Utilizzate i nomi ed i dati riportati nella seguente figura.

11	PUNTA FISSA ASS D16	1	1	100.000	120.000	16.000		118.0		
12	BARENO SGROSS.	1	1	86.000	92.000	0.400	←	93.0	55	8.0

Fig. 125. Dati dei nuovi utensili da creare per la realizzazione del ciclo

In presenza di eventuali problemi nella creazione dei nuovi utensili potete ripassare l'esercitazione pratica al paragrafo 7.5, oppure procedere caricando il file utensili di nome LISTA_UTENSILI contenuto nella cartella 01_ESERCIZI, secondo le procedure riportate nel paragrafo 3.3.

Avviate la simulazione grafica in blocco singolo visualizzando la SEZIONE PARZIALE del pezzo, analizzate il programma ed apportate le eventuali modifiche.

Confrontate il vostro programma con quello contenuto nella cartella ESERCIZI_SVOLTI, di nome ES_15_01.

15.5.2 Verifica di comprensione dei concetti

Nei seguenti esempi di lavorazione si propongono differenti combinazioni tra funzione di attivazione della compensazione raggio utensile e numero di quadrante che descrive la posizione del raggio rispetto al punto di azzeramento.
Indicate tra le risposte l'unica combinazione giusta.

1)

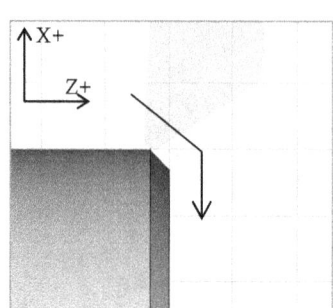

a) G42, quadrante 3

b) G41, quadrante 3

c) G41, quadrante 4

2)

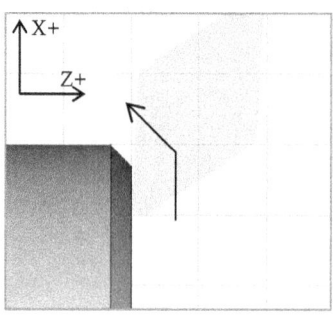

a) G41, quadrante 1

b) G42, quadrante 3

c) G42, quadrante 2

3)

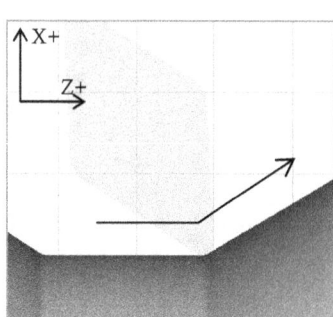

a) G42, quadrante 4

b) G42, quadrante 2

c) G41, quadrante 4

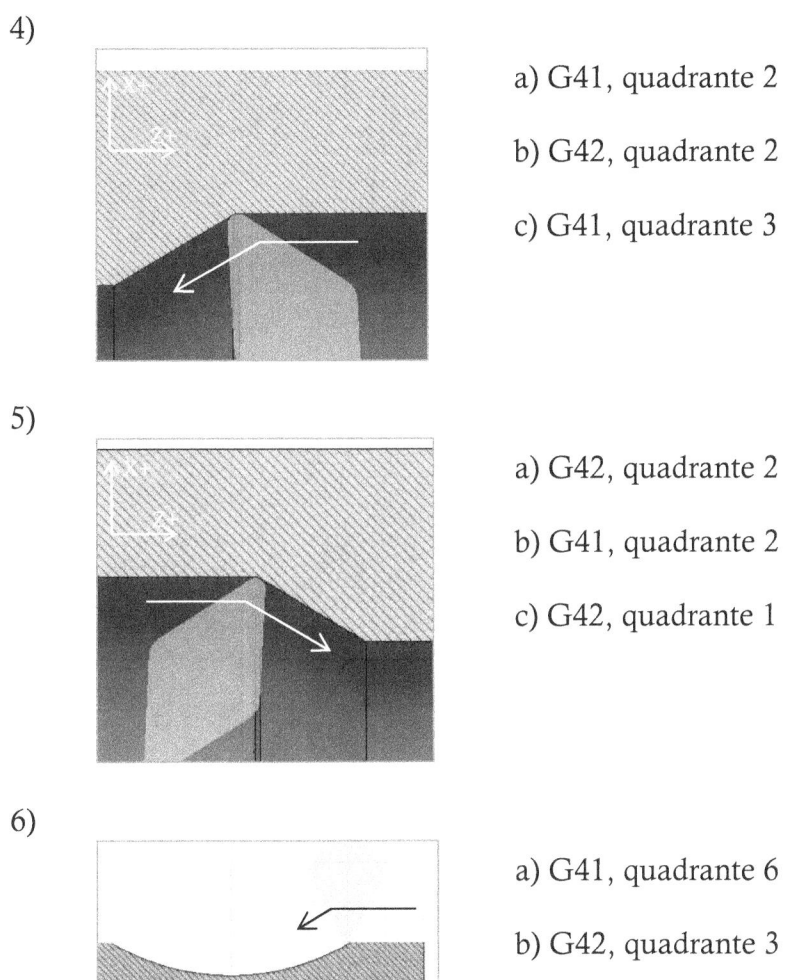

4)
a) G41, quadrante 2
b) G42, quadrante 2
c) G41, quadrante 3

5)
a) G42, quadrante 2
b) G41, quadrante 2
c) G42, quadrante 1

6)
a) G41, quadrante 6
b) G42, quadrante 3
c) G42, quadrante 8

Trovate le risposte corrette all'interno del programma RIS_15_01 contenuto nella cartella CAP_15.

15.6 Ricarica lista utensili completa

Prima di procedere alla lettura del prossimo capitolo, ricaricate la lista utensili completa contenuta nella cartella 01_ESERCIZI.

16. Programmazione di una fresatrice a 3 assi (2h)
(teoria: 2h)

16.1 Introduzione
Le funzioni ISO fino ad ora applicate al tornio, sono le stesse che permettono di programmare anche una fresatrice a 3 assi.

In un tornio il piano di lavoro principale è il piano X-Z definito dalla funzione G18.

In una fresatrice a 3 assi il piano di lavoro principale è il piano X-Y definito dalla funzione G17. Su questo piano l'utensile, posto in rotazione dal mandrino, si sposta per eseguire il profilo descritto nel programma, la posizione dell'utensile sull'asse Z determina invece la profondità di esecuzione della lavorazione.

16.2 Disposizione degli assi in una fresatrice
Lo schema di disposizione degli assi è quello già visto nel capitolo 4.

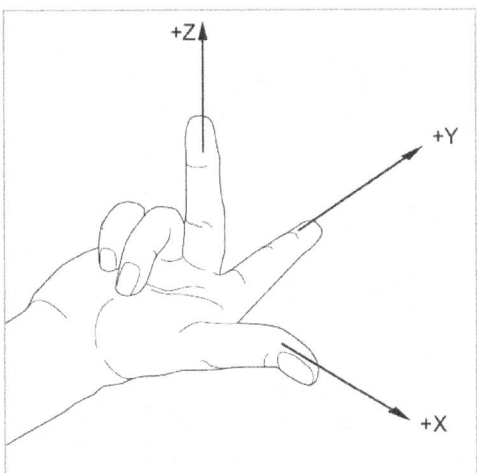

Fig. 126. La stessa regola della mano destra è applicata al tornio come alla fresatrice

La macchina presa in esame è una fresatrice a tre assi X-Y-Z. Gli assi X e Y sono applicati alla tavola porta pezzo mentre l'asse Z è applicato alla slitta portautensile.

Fig. 127. Direzione positiva degli assi: le frecce rappresentano il movimento dell'utensile rispetto al pezzo

I versi positivi di tutti gli assi si intendono sempre applicati all'utensile che si sposta sul pezzo.

16.3 L'asse X, l'asse Y e l'asse Z

In una fresatrice, gli assi che determinano il piano di lavoro principale sono l'asse X e l'asse Y, sul piano X-Y (G17) viene normalmente programmato il profilo del pezzo da realizzare. L'asse Z è invece l'asse che determina la profondità della lavorazione. La fresatrice è di tipo verticale quando l'asse attorno al quale ruota l'utensile (asse Z) è posto in direzione verticale; è invece di tipo orizzontale quando l'asse Z è orientato orizzontalmente.

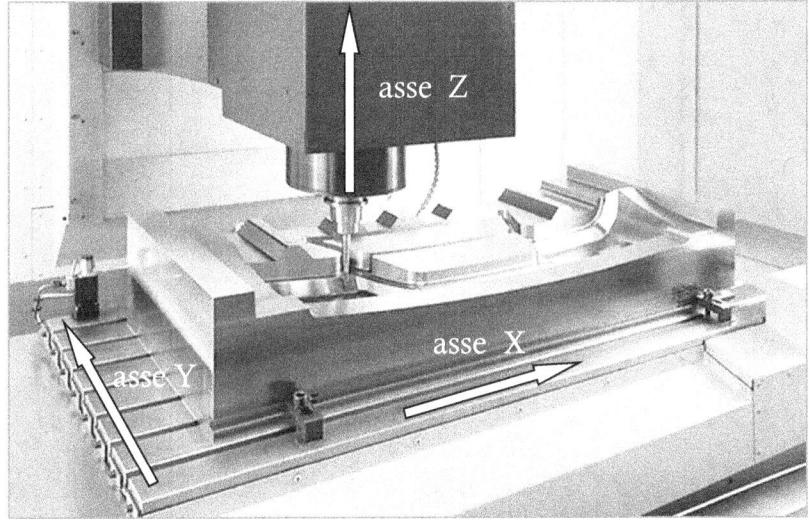

Fig. 128. Fresatrice verticale

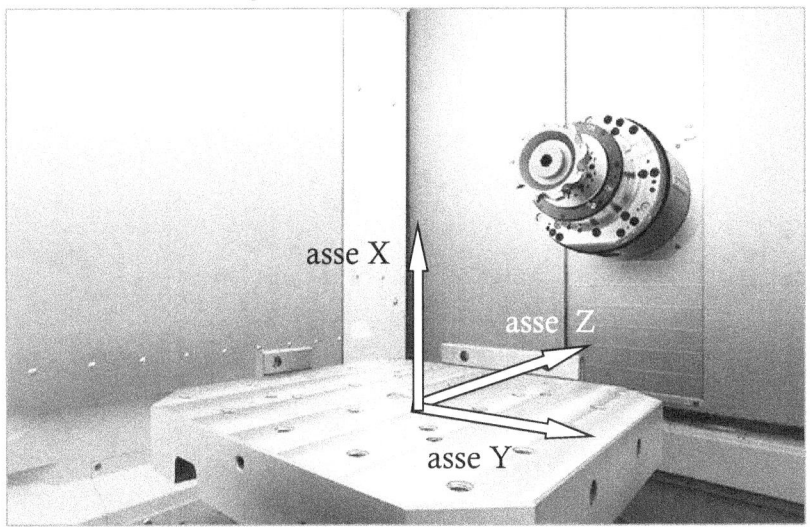

Fig. 129. Fresatrice orizzontale

16.4 L'asse C e l'asse B nei centri di lavoro

Le fresatrici, quando sono dotate di ulteriori assi rotanti, prendono il nome di centri di lavoro. Se l'asse rotante gira attorno a Z, come già visto nel tornio, viene denominato asse C. Se l'asse rotante gira attorno ad Y viene denominato asse B. La presenza contemporanea di due assi rotanti rende inutile la presenza del terzo asse rotante. Per questo motivo la configurazione più completa di un centro di lavoro è con cinque assi e non con sei.

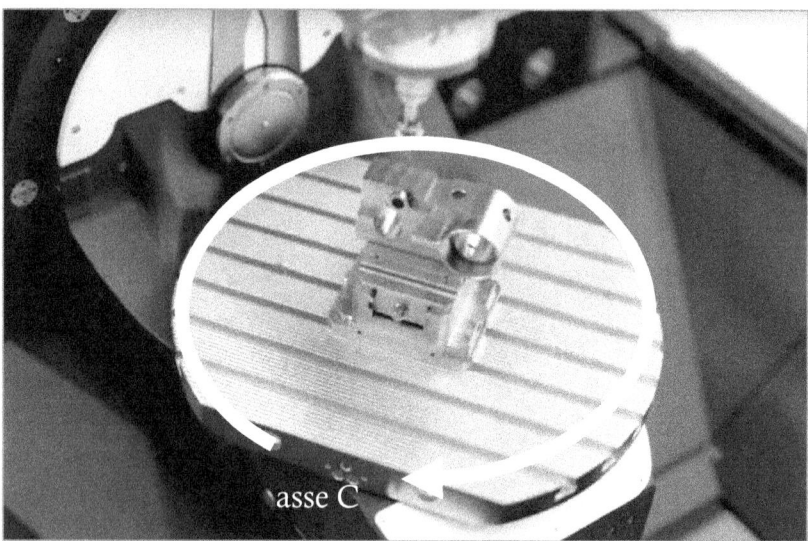

Fig. 130. Asse C in un centro di lavoro

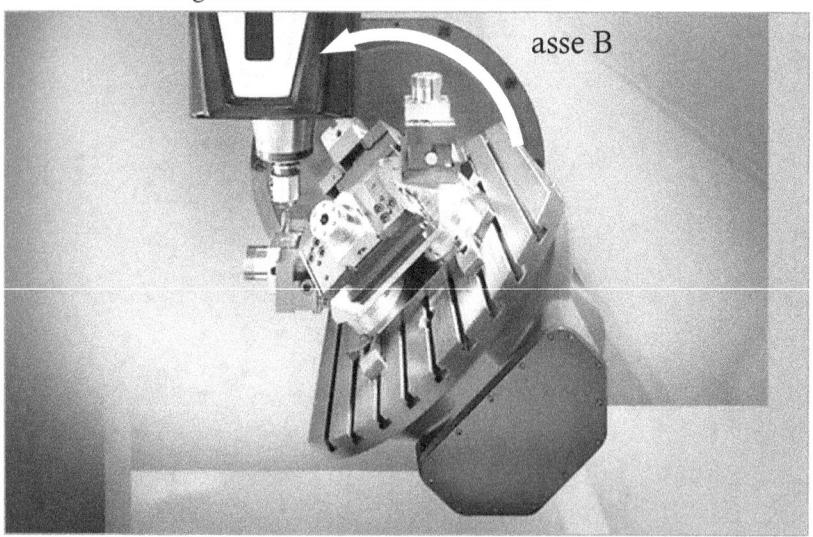

Fig. 131. Asse B in un centro di lavoro

16.5 Interpolazione su cinque assi

Si è già visto che per interpolazione s'intende il movimento coordinato di uno o più assi secondo una precisa logica geometrica eseguito con velocità controllata.

La logica geometrica di una retta è descritta su un piano definito da due o tre assi lineari.

La logica geometrica di un arco di cerchio è descritta su un piano definito da due assi lineari (oppure da un asse lineare ed uno rotante).

La logica geometrica dell'elica è definita nello spazio in un sistema tridimensionale definito da tre assi lineari (oppure da due assi lineari ed uno rotante).

In un sistema di riferimento composto da più di tre assi non esiste alcun elemento definibile secondo una regola geometrica.

Ecco perché, quando parliamo di interpolazione su cinque assi, stiamo parlando di semplice programmazione punto a punto; ovvero ogni punto del profilo viene raggiunto mediante una retta il cui movimento provoca il contemporaneo raggiungimento di una diversa posizione angolare dei rimanenti due assi rotanti.

Questo tipo di programmazione viene sempre fatta attraverso software CAM che analizzano il disegno tridimensionale del pezzo da produrre e generano il profilo da percorrere spezzandolo in molteplici tratti e facendo ruotare i rimanenti assi rotanti per orientare l'utensile con lo scopo di mantenere l'angolo di taglio costante e non avere collisioni con il pezzo.

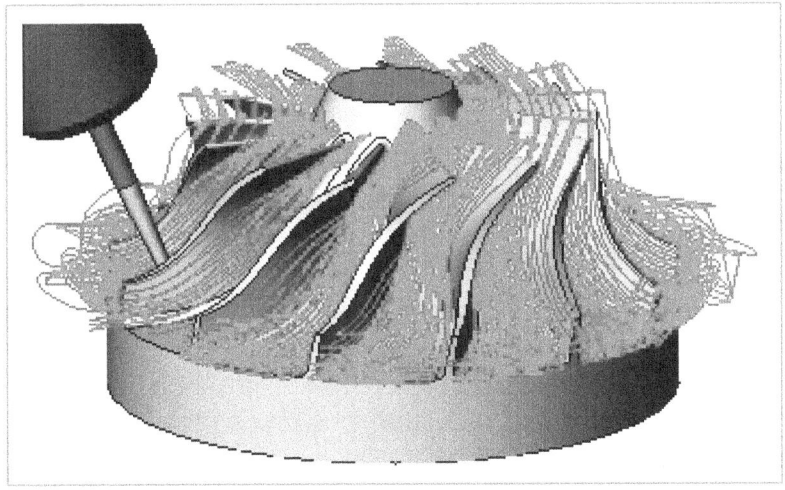

Fig. 132. Profilo generato mediante CAM per centro di lavoro con cinque assi

16.6 Schema di programmazione

Nella figura sottostante è rappresentato lo schema di programmazione applicato al piano G17, questo deve essere utilizzato per la valutazione dei versi positivi degli assi, per determinare il senso di rotazione orario ed antiorario degli archi di cerchio contenuti nel profilo del pezzo, per definire la posizione destra e sinistra della fresa rispetto alla direzione di taglio e per valutare il valore dell'angolo da programmare nel caso di rette inclinate.

La norma ISO 841 definisce un sistema di coordinate di assi con verso positivo sempre riferito all'utensile che si sposta sul pezzo.

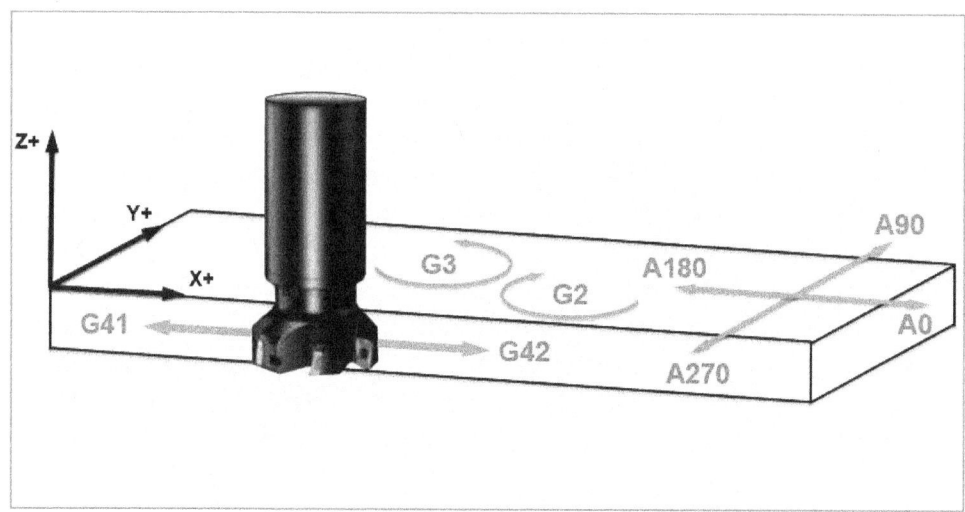

Fig. 133. Schema di programmazione sul piano G17

16.7 Posizione dello zero macchina e definizione dello zero pezzo

Se in un tornio lo zero macchina è molto spesso posto sul naso del mandrino, nelle frese varia da macchina a macchina in base alle scelte del costruttore.

Lo zero macchina sugli assi X e Y in alcune macchine è posizionato su uno spigolo della tavola, in altre nel centro della tavola all'incrocio delle diagonali.

Lo zero macchina sull'asse Z può essere invece posizionato sul piano della tavola oppure in alto vicino alla posizione di fine corsa (come rappresentato nella figura 134).

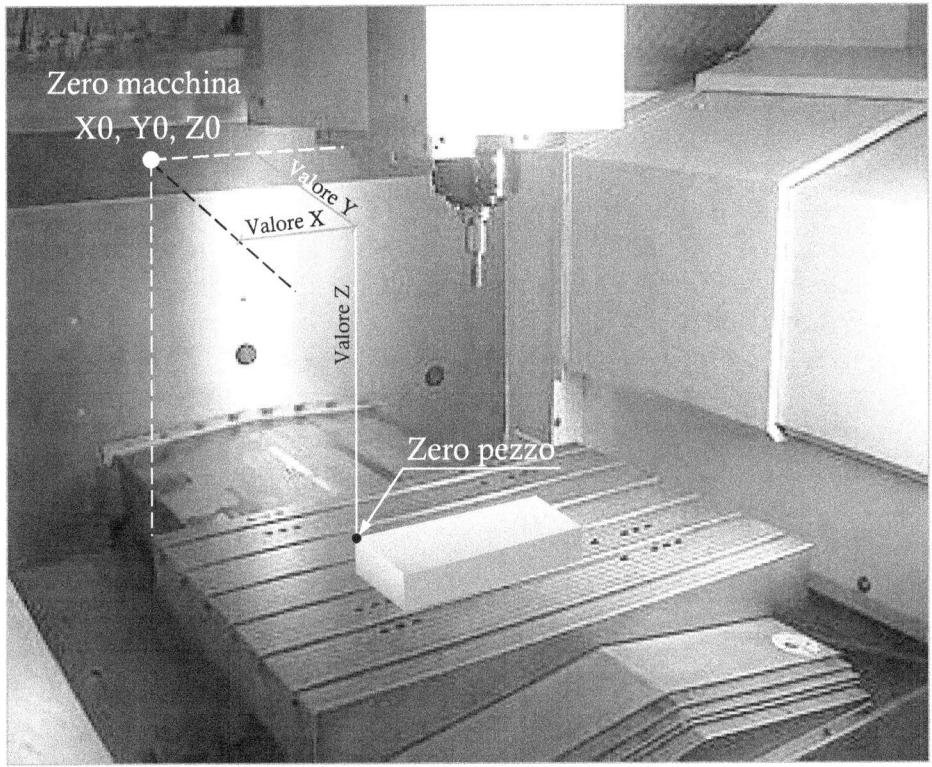

Fig. 134. Posizione dello zero macchina e valori da inserire nella funzione di spostamento origine per la definizione dello zero pezzo

La definizione dello zero pezzo avviene traslando lo zero macchina sui tre assi nel punto scelto dall'operatore, le funzioni da utilizzare sono quelle di spostamento origine (G54, ..., G57) già viste nel capitolo 6.

I valori da inserire equivalgono alla distanza che c'è tra lo zero macchina e lo zero pezzo come indicato nella figura precedente.

In base allo schema che rappresenta la direzione positiva degli assi (figura 127) si può dedurre che, in questo caso, il valore di Z è negativo, il valore di X è positivo ed il valore di Y è negativo.
Per sapere dove si trova la posizione dello zero macchina si deve fare riferimento al manuale del costruttore.

I sistemi di presettaggio esterni sono dotati di un attacco utensile identico a quello presente in macchina. Prima di procedere al rilevamento della lunghezza utensile si azzera il portautensili facendo coincidere lo zero di misura con il punto comandato dal CN (in questo caso sulla faccia del cono di attacco), poi si fissa l'utensile sul supporto per misurarne la lunghezza ed eventuali altri elementi caratteristici come il diametro o la lunghezza del tagliente.
Una telecamera abbinata ad un video aiuta l'operatore a definire esattamente il punto in cui rilevare la misura.

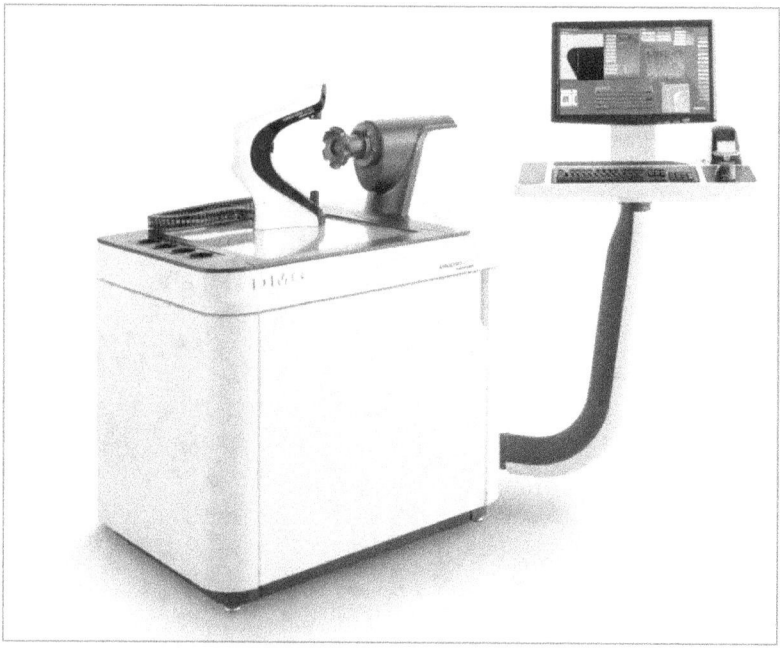

Fig. 137. Sistema di misurazione fuori macchina

Il diametro della fresa (inserito nella pagina delle geometrie) sarà considerato dalla macchina attraverso la programmazione delle funzioni di compensazione raggio utensile.
Al contrario del tornio, nelle fresatrici non esiste il concetto di codice quadrante utensile poiché tutti gli utensili utilizzati in queste macchine sono azzerati al centro e quindi sono sempre definiti dal quadrante zero.
Per rivedere le funzioni di compensazione raggio utensile ed i codici quadrante, fare riferimento al capitolo 15 ed agli esempi di programmazione proposti nei prossimi capitoli.

16.10 Impostazione della rotazione utensile e dell'avanzamento

Nel capitolo 8 sono state descritte le funzioni di attivazione della rotazione del mandrino in un tornio; in una fresatrice tutto ciò risulta essere molto più semplice.

Nel tornio è stata analizzata l'impostazione della rotazione mandrino con numero di giri fisso oppure con velocità di taglio costante; in fresatura l'unica alternativa è quella del numero di giri fisso calcolato in base al diametro dell'utensile utilizzato.

Il numero di giri della fresa si calcola utilizzando la formula riportata nella figura 75.

Nel caso di una fresa diametro 32 mm che lavora ad una velocità di taglio di 100 m/min., il numero di giri da programmare corrisponde a:

$$n = (1000 \times 100) / (32 \times 3.14) = 995 \text{ giri/min.}$$

Nel capitolo 9 sono state analizzate le funzioni di impostazione dell'avanzamento di lavoro.
In questo caso le funzioni G95, G94 e tutti i concetti ad esse associati, sono applicabili alla fresatura esattamente come già visto per il tornio.

17. Esercitazione pratica di fresatura (3h)
(pratica: 3h)

17.1 Introduzione
Chiarito l'utilizzo delle funzioni ISO, si procede ora col vedere un esempio completo di programmazione di un pezzo eseguito su una fresatrice a tre assi.
Il disegno riportato nella figura 147 rappresenta il pezzo da eseguire.

17.2 Creazione di una fresatrice a tre assi (X, Y, Z)
Prima di procedere è necessario creare all'interno del software di addestramento e simulazione la fresatrice da utilizzare in questo capitolo.

Avviate SinuTrain e cliccate sul collegamento "Utilizzare modello".

Definite ora il tipo di macchina, modificate il nome, descrivete le sue caratteristiche di base, impostate la grandezza della finestra che riproduce il video della macchina e la lingua utilizzata. Inserite queste informazioni come riportato di seguito.

Modello	DEMO-Milling machine
Nome	FRESATRICE: corso di programmazione
Descrizione	SP1: nome del mandrino
	X: asse orizzontale longitudinale
	Y: asse orizzontale trasversale
	Z: asse verticale
Risoluzione	640x480 (o quella adatta al vostro schermo)
Lingua	Italian - Italiano

Premete CREARE.

La macchina è stata creata ed è ora visualizzata nella pagina di avviamento del programma.

Premete col puntatore sulla fresatrice appena creata per avviarla.

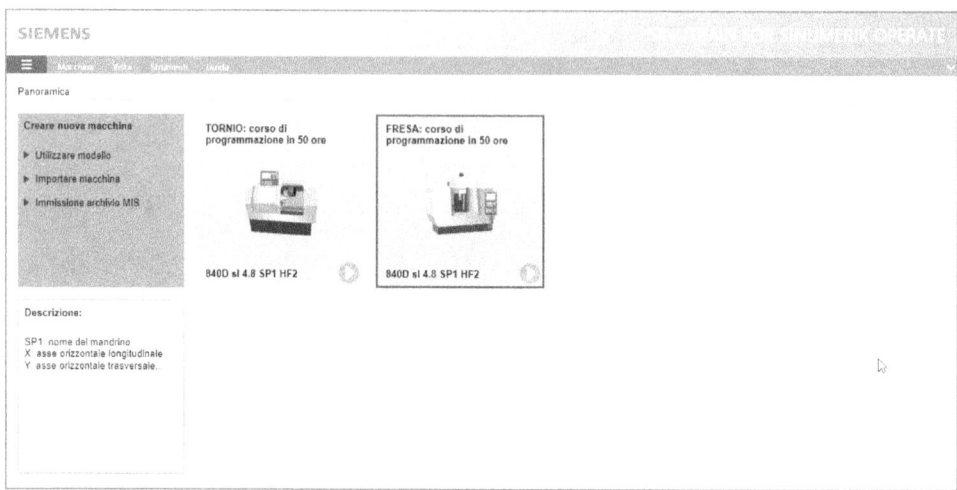

Fig. 138. Avviamento della fresatrice nel programma di addestramento

17.3 Download dei programmi e trasferimento in SinuTrain
Aprite il sito cncwebschool.com e accedete all'area STRUMENTI per scaricare la cartella M3_PROGR, questa contiene tutti i programmi abbinati alla fresatrice.

Selezionate con il puntatore la cartella compressa appena scaricata, premete il pulsante destro del mouse e scegliete: *Estrai tutto*.

Trasferite ora i programmi all'interno del software di addestramento.

Copiate la cartella M3_PROG in una memoria USB vuota.

Sul pannello di controllo cliccate PROGRAM MANAGER. Selezionate tra le softkey orizzontali USB, compare sullo schermo il contenuto della memoria esterna.

Selezionate con le frecce la cartella M3_PROG quindi **premete il tasto giallo INPUT per aprirla.**

Selezionate tutte le cartelle contenute con il tasto EVIDENZIARE.
Premete il softkey verticale COPIARE.
Premete NC tra i softkey orizzontali.
Scendete con le frecce fino a selezionare la cartella PEZZI, quindi premete INSERIRE tra i softkey verticali.
Aprite la cartella PEZZI con INPUT, aprite la cartella CAP_17 con INPUT e, sempre con INPUT, aprite il programma di prova PRG_0.

17.4 Richiamo diretto degli utensili nel programma

La creazione di nuovi utensili, l'esportazione e l'importazione dei dati di attrezzaggio, seguono le stesse regole già viste nel capitolo 7.
Per questo esercizio non è necessario definire alcun nuovo utensile poiché il programma utilizza quelli già presenti in macchina.

E' possibile inoltre utilizzare un nuovo metodo per richiamare gli utensili all'interno del programma: invece di programmare la posizione T e la geometria D, si seleziona l'utensile da utilizzare direttamente dal magazzino.

Posizionate il cursore sul blocco dove richiamare l'utensile e premete il pulsante verticale SELEZIONE UTENSILE.

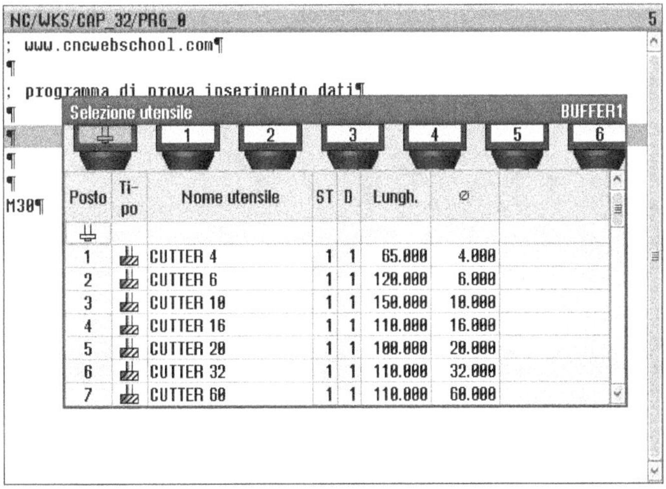

Fig. 139. Pagina di selezione degli utensili direttamente dal magazzino

Viene visualizzata la lista degli utensili disponibili.
Evidenziate con le frecce l'utensile da richiamare e confermate la scelta con OK. Il nome dell'utensile viene inserito all'interno del programma.

Come si vedrà nel programma d'esempio, **il richiamo utensile deve essere completato aggiungendo allo stesso blocco la funzione D1 per richiamare i valori di azzeramento e la funzione M6 per attivare la procedura di cambio utensile**, il blocco deve essere programmato come riportato qui di seguito.

T="CUTTER 16" D1 M6

Per il richiamo dei valori di azzeramento vedere il paragrafo 7.3, per la funzione M6 vedere la figura 45 ed il paragrafo 7.2.

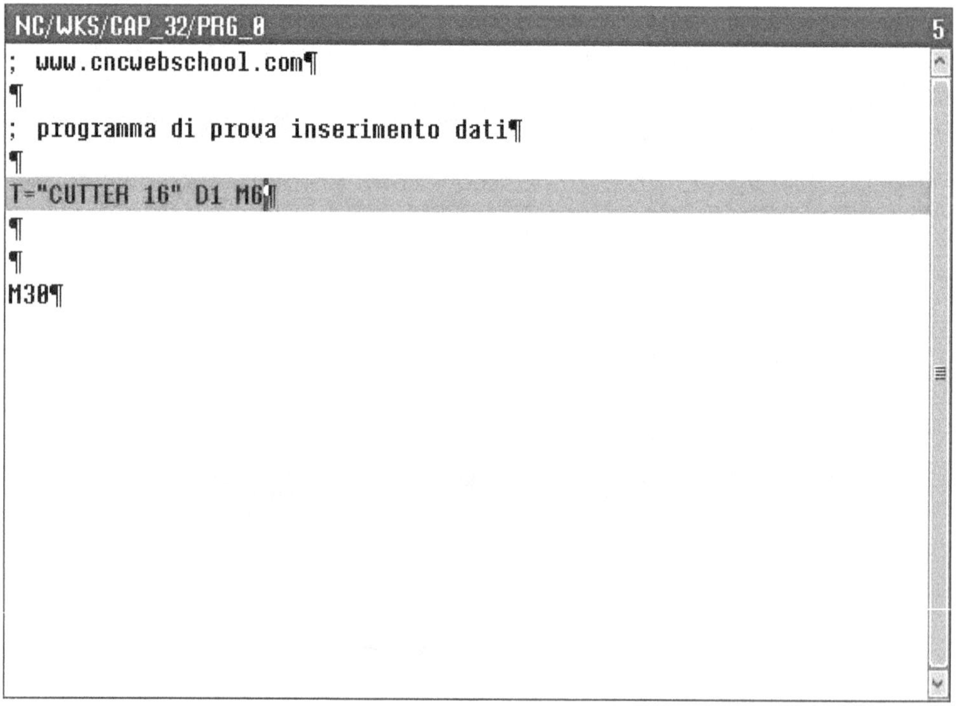

```
NC/WKS/CAP_32/PRG_0                                              5
; www.cncwebschool.com¶
¶
; programma di prova inserimento dati¶
¶
T="CUTTER 16" D1 M6¶
¶
¶
M30¶
```

Fig. 140. Completamento dell'istruzione di richiamo diretto utensile nel programma

17.5 Definizione grafica del pezzo grezzo

Chiudete ora il programma PRG_0.
Aprite il programma PRG_17_01 ed entrate, al blocco N10, nella finestra di dialogo per l'introduzione dei dati del grezzo.

    N10 WORKPIECE(,,,"RECTANGLE",0,0,-32,-150,160,120)

Tramite la definizione grafica del pezzo grezzo si definiscono:
- la forma del grezzo,
- la posizione su X e Y dello zero pezzo,
- la posizione su Z dello zero pezzo,
- le dimensioni del grezzo.

Qui di seguito trovate la spiegazione dei parametri in base alle differenti opzioni che si possono selezionare.

La selezione CILINDRO forza la posizione dello zero pezzo in X e Y sull'asse principale del cilindro

Pezzo grezzo:	Cilindro
XA:	Diametro del cilindro.
ZA:	Posizione della faccia superiore del pezzo riferita allo zero pezzo.
ZI - **assoluta**: - **incrementale**:	Distanza della faccia inferiore del pezzo: **riferita allo zero pezzo.** **riferita alla faccia superiore.**

Fig. 141. Descrizione delle dimensioni del grezzo: CILINDRO

Ecco alcuni esempi applicati ad un pezzo alto 32mm che aiutano a comprendere come la grafica interpreta i valori associati a ZA e ZI.

Quando si vuole simulare la posizione dello **zero pezzo sulla faccia superiore del grezzo** impostare i valori come segue:

ZA = 0:   indica che la faccia superiore del pezzo coincide con la posizione dello zero pezzo.

ZI = -32   (se valore espresso in coordinate **assolute**) indica che la faccia inferiore del pezzo dista 32 mm nel verso negativo **rispetto allo zero pezzo**.

ZI = -32   (se valore espresso in coordinate **incrementali**) indica che la faccia inferiore del pezzo dista 32 mm nel verso negativo **rispetto alla faccia superiore**.

Con ZA uguale a zero la posizione dello zero pezzo coincide con la faccia superiore del grezzo, di conseguenza il valore ZB che esprime l'altezza totale del grezzo (definendone la posizione della faccia inferiore) è uguale sia quando espressa in coordinate assolute che incrementali.

Quando si vuole simulare la posizione dello **zero pezzo sulla tavola della macchina** impostare i valori come segue:

ZA = 32:   indica che la faccia superiore del pezzo dista 32mm nel verso positivo dalla posizione dello zero pezzo.

ZI = 0   (se valore espresso in coordinate **assolute**) indica che la faccia inferiore del pezzo coincide con la posizione dello zero pezzo.

ZI = -32   (se valore espresso in coordinate **incrementali**) indica che la faccia inferiore del pezzo dista 32 mm nel verso negativo rispetto alla faccia superiore.

La selezione TUBO forza la posizione dello zero pezzo in X e Y sul suo asse principale.

Pezzo grezzo:	Tubo
XA:	Diametro esterno del tubo.
XI:	Diametro interno del tubo.

Fig. 142. Descrizione delle dimensioni del grezzo: TUBO

La selezione PARALLELEPIPEDO CENTRATO forza la posizione dello zero pezzo in X e Y all'incrocio delle diagonali del rettangolo.

Pezzo grezzo:	Parallelepipedo centrato
W:	Lato del rettangolo posizionato lungo l'asse Y.
L:	Lato del rettangolo posizionato lungo l'asse X.

Fig. 143. Descrizione delle dimensioni del grezzo: PARALLELEP. CENTRATO

La selezione PARALLELEPIPEDO riferisce la posizione base dello zero pezzo in X e Y allo spigolo in basso a sinistra del rettangolo.

Pezzo grezzo:	Parallelepipedo
X0:	Coordinata X dello spigolo riferita allo zero pezzo.
Y0:	Coordinata Y dello spigolo riferita allo zero pezzo.
X1:	Coordinata X dello spigolo opposto riferita allo zero pezzo (ass.) o al primo spigolo (incr.).
Y1:	Coordinata Y dello spigolo opposto riferita allo zero pezzo (ass.) o al primo spigolo (incr.).

Fig. 144. Descrizione delle dimensioni del grezzo: PARALLELEPIPEDO

Nel caso del parallelepipedo, per portare lo zero pezzo al centro delle diagonali di un rettangolo di lato 160 sull'asse delle X e di lato 120 sull'asse delle Y, impostare i dati come nella seguente figura:

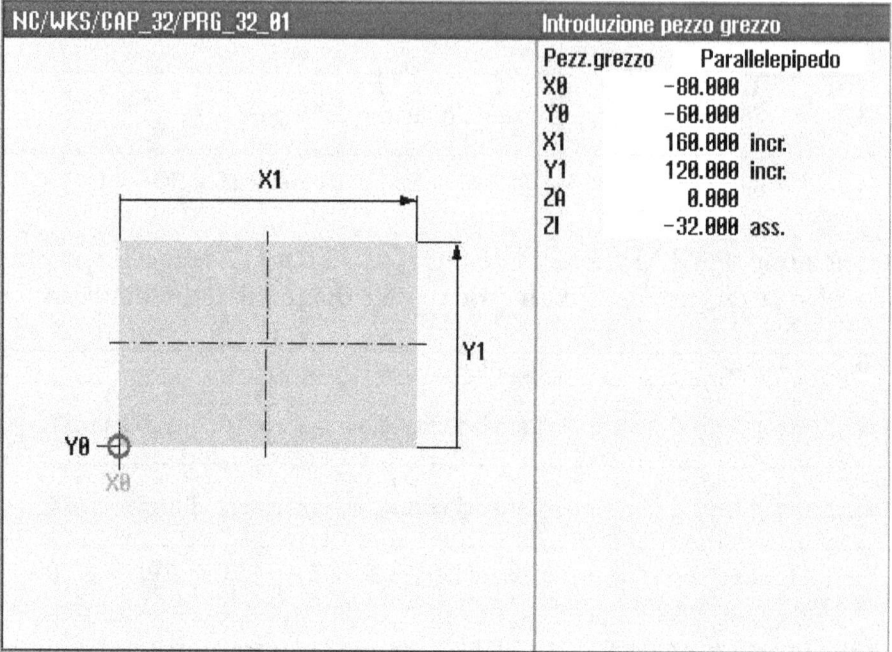

Fig. 145. Descrizione delle dimensioni del grezzo: PARALLELEPIPEDO

La selezione POLIGONO forza la posizione dello zero pezzo in X e Y all'incrocio delle diagonali del poligono.

Pezz. grezzo:	Poligono
N:	Numero degli spigoli del poligono.
SW:	Dimensione della chiave del poligono (disponibile solo per poligoni con numero di spigoli pari).

Fig. 146. Descrizione delle dimensioni del grezzo: POLIGONO

17.6 Disegno del pezzo da realizzare

Lo zero pezzo è posizionato all'intersezione delle diagonali sulla faccia superiore del pezzo come indicato nel disegno.

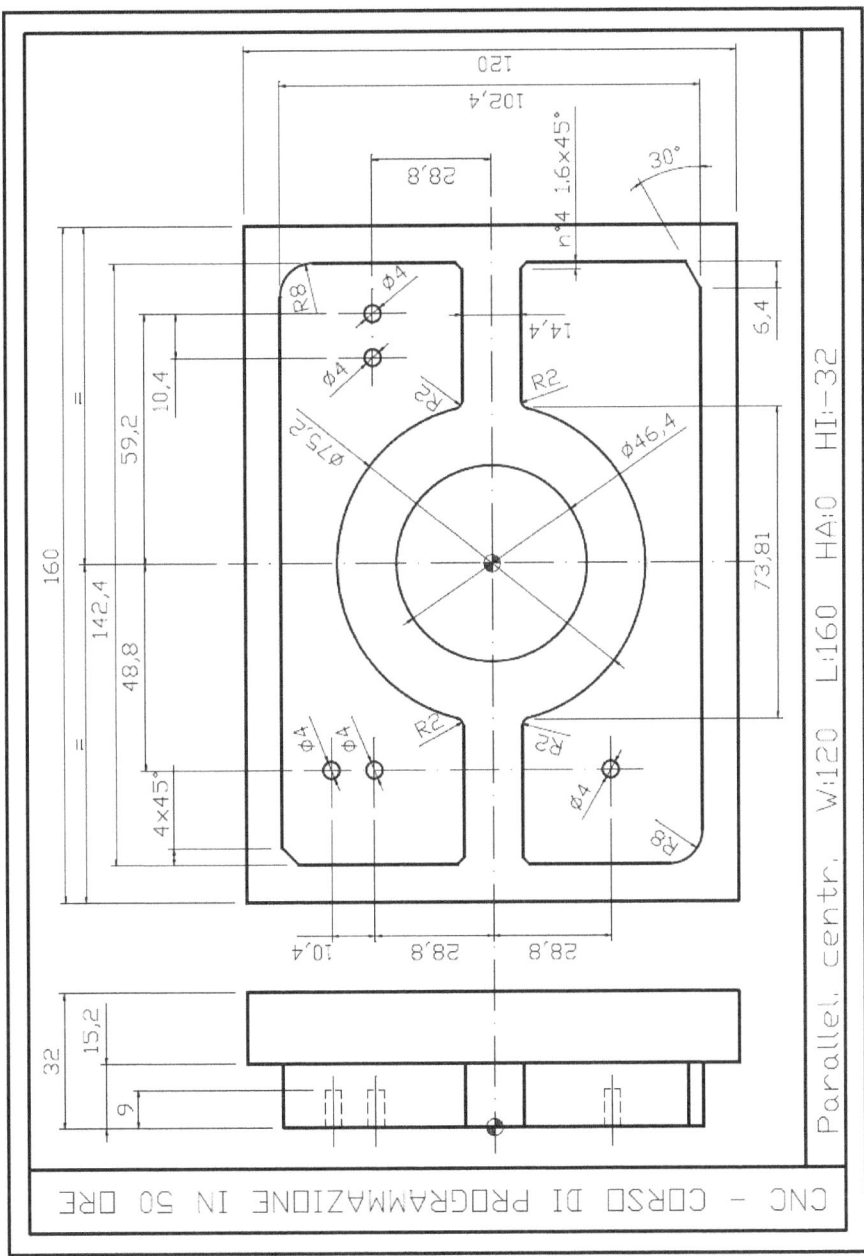

Fig. 147. Disegno del pezzo da realizzare

17.7 Programma, fase 1: esecuzione del profilo esterno

Avviate la simulazione grafica del programma PRG17_01 ed associate i movimenti dell'utensile ai blocchi qui di seguito programmati. Smussi, raccordi e angoli sono definiti nel percorso utensile tramite le funzioni di programmazione diretta spiegate nel capitolo 12.

```
N10 WORKPIECE(,,,"RECTANGLE",0,0,-32,-150,160,120)
N20 G17 G54 G90
N30 G0 Z500
N40 T="CUTTER 16" D1 M6 ; FRESA DIAM. 16
N50 G95 S2800 M3 M8 F0.2
N60 G0 Y0 X90
N70 G0 Z-15.2
N80 G1 X71.2 G41
N90 Y-48
N100 Y-51.4 ANG=210
N110 X-71.2 RND=8
N120 Y51.2 CHF=4
N130 X71.2 RND=8
N140 Y-2
N150 X82 G40
N160 G0 Z500
```

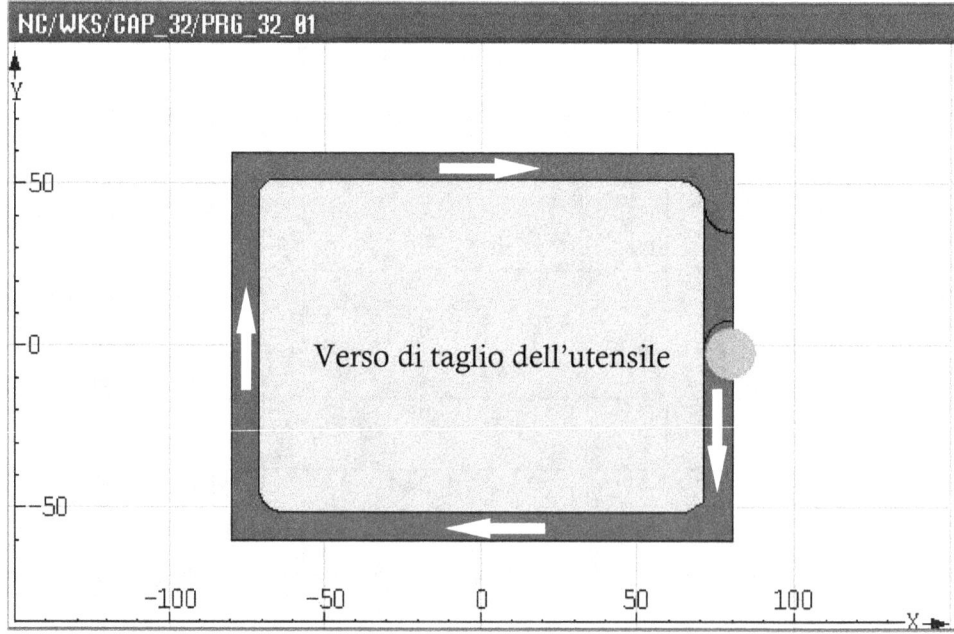

Fig. 148. Realizzazione del profilo esterno

17.8 Programma, fase 2: sgrossatura del profilo interno

La programmazione delle interpolazioni circolari avviene come spiegato nel capitolo 13.

```
N170 T="CUTTER 10" D1 M6 ; FRESA DIAM. 10
N180 G95 S2500 M3 M8 F0.16
N190 G0 Y0 X80
N200 G0 Z-15.2
N210 G1 X30.4
N220 G3 X30.4 Y0 I-30.4
N230 G3 X-30.4 Y0 CR=30.4 F1
N240 G1 X-74

N250 G0 Z500
```

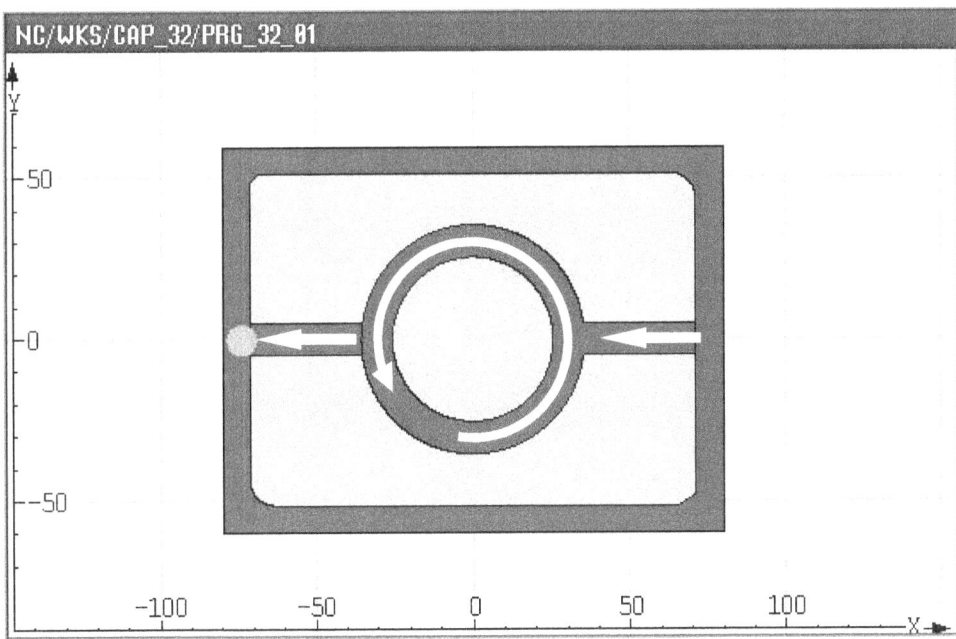

Fig. 149. Sgrossatura del profilo interno

NOTA: attraverso le lettere I, K e J si esprimono le coordinate del centro del raggio riferite al punto di partenza dell'arco rispettivamente sugli assi X, Z e Y.

17.9 Programma, fase 3: finitura del profilo interno

In questa parte di programma si esegue la finitura del profilo interno del pezzo.

```
N260 T="CUTTER 10" D1 M6 ; FRESA DIAM. 10
N270 G95 S3200 M3 M8 F0.16
N280 G0 Y12 X80
N290 G0 Z-15.2
N300 G1 X71.2 G41
N310 G1 Y7.2 CHF=1.6
N320 G1 X36.905 RND=2
N330 G3 X-36.905 Y7.2 CR=37.6 RND=2
N340 G1 X-71.2 CHF=1.6
N350 G1 Y12
N360 G1 X-80 G40

N370 G1 Y-12 X-80 F1
N380 G1 X-71.2 G41 F0.16
N390 G1 Y-7.2 CHF=1.6
N400 G1 X-36.905 RND=2
N410 G3 X36.905 Y-7.2 CR=37.6 RND=2
N420 G1 X71.2 CHF=1.6
N430 G1 Y-12
N440 G1 X80 G40

N450 G0 Y0
N460 G0 X32
N470 G1 X23.2 G41
N480 G2 X23.2 Y0 I=-23.2
N490 G1 X32 G40

N500 G0 Z500
```

Al blocco N260 inizia la finitura del profilo interno superiore.

Al blocco N370 inizia la finitura del profilo interno inferiore.

Al blocco N450 inizia la finitura del diametro interno di 46.4 mm.

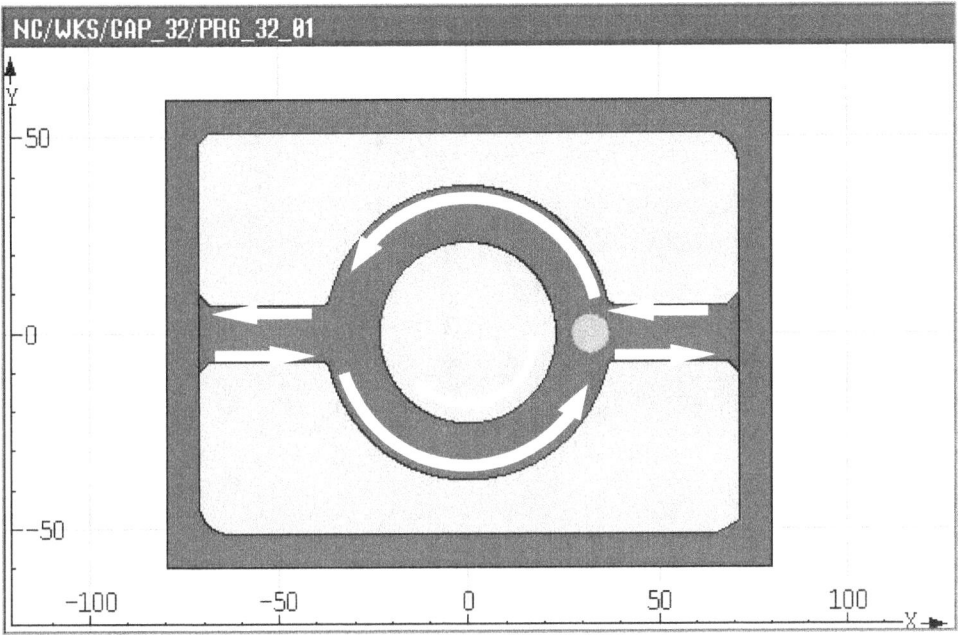

Fig. 150. Finitura del profilo interno

17.10 Programma, fase 4: esecuzione dei fori

La programmazione dei fori avviene utilizzando il ciclo di foratura e la funzione MCALL come spiegato nel capitolo 23.

```
N510 T="CUTTER 4" D1 M6 ; FRESA DIAM. 4
N520 G95 S2300 M3 M8 F0.12
N530 G0 X59.2 Y28.8
N540 G0 Z2

N550 MCALL CYCLE82(10,0,2,-9,,0.6,0,1,12)

N560 G0 X59.2 Y28.8
N570 G0 X48.8 Y28.8
N580 G0 X-48.8 Y39.2
N590 G0 X-48.8 Y28.8
N600 G0 X-48.8 Y-28.8
N610 MCALL

N620 G0 Z500
N630 M30
```

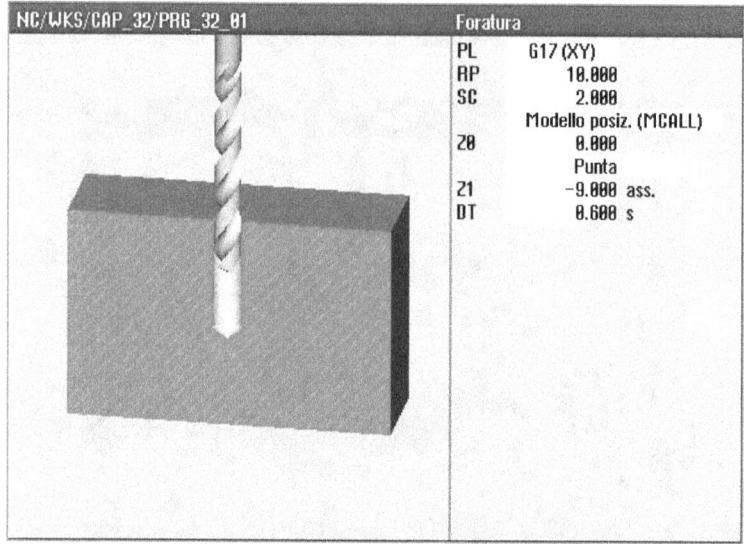

Fig. 151. Dati inseriti nel ciclo di foratura

17.11 Programma, fase 5: attivazione della simulazione grafica

Aprite il programma PRG_17_01 contenuto nella cartella CAP_17 ed attivate la simulazione grafica, quindi eseguite il programma in modalità blocco singolo e riducete la velocità di esecuzione impostando il potenziometro della grafica all'80%.

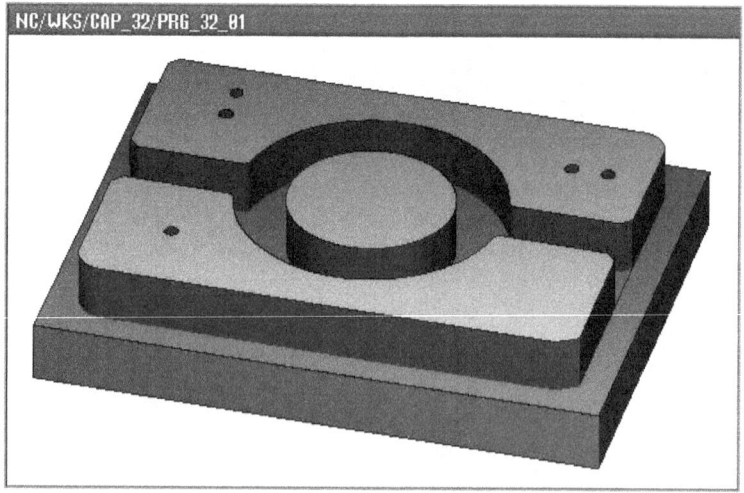

Fig. 152. Rappresentazione grafica 3D del pezzo finito

18. Taglio concorde e discorde in fresatura (2h)
(teoria: 2h)

18.1 Fresatura periferica

18.1.1 Introduzione
Si esegue una fresatura periferica quando l'asse di rotazione della fresa è parallelo alla superfice da lavorare, sia che questo sia verticale od orizzontale. L'avanzamento di lavorazione può avere verso **discorde (in inglese conventional milling)** o **concorde (in inglese climb milling)** rispetto al vettore della velocità di taglio della fresa, come rappresentato nella seguente figura. Il verso d'avanzamento è scelto dall'operatore secondo le informazioni riportate nei paragrafi successivi. La sezione trasversale del truciolo ha un profilo crescente nella fresatura periferica discorde mentre è decrescente nella fresatura periferica concorde.

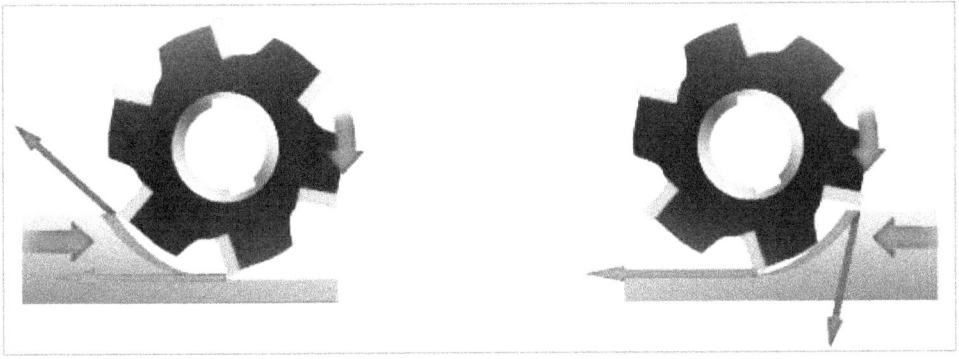

Fig. 153. Verso di taglio discorde (a sinistra) e verso di taglio concorde (a destra)

18.1.2 Area della sezione del truciolo
La sezione longitudinale (rispetto all'asse di rotazione) del truciolo ha la forma di un rettangolo, sia che questa sia effettuata in concordanza od in discordanza.

Facendo riferimento alla seguente figura, un lato del rettangolo è costante ed uguale a 'b', mentre l'altro è variabile ed equivalente allo spessore 's'. L'avanzamento per dente è indicato con 'a_z'.

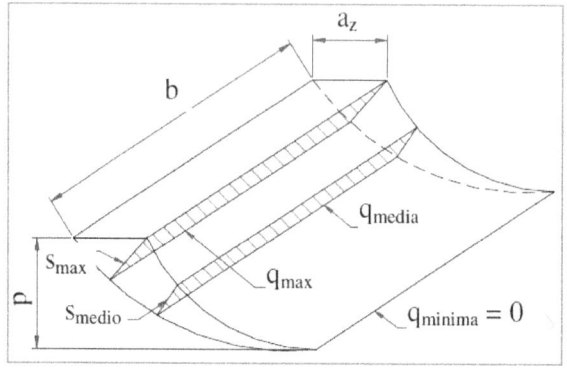

Fig. 154. Area della sezione del truciolo

Lo spessore massimo 's_{max}' si calcola con la formula:

$$s_{MAX} \cong 2 \cdot a_z \cdot \sqrt{\frac{p}{D}} \quad (mm) \quad con \quad \begin{cases} p = \text{profondità di passata} \\ D = \text{diametro della fresa} \end{cases}$$

L'area massima 'q_{max}' è equivalente a:

$$q_{MAX} = b \cdot s_{MAX} \cong b \cdot 2 \cdot a_z \cdot \sqrt{\frac{p}{D}} \quad (mm^2)$$

18.1.3 Discordanza: movimento relativo tra fresa e pezzo

L'avanzamento di lavorazione ha verso discorde rispetto al vettore della velocità di taglio della fresa.

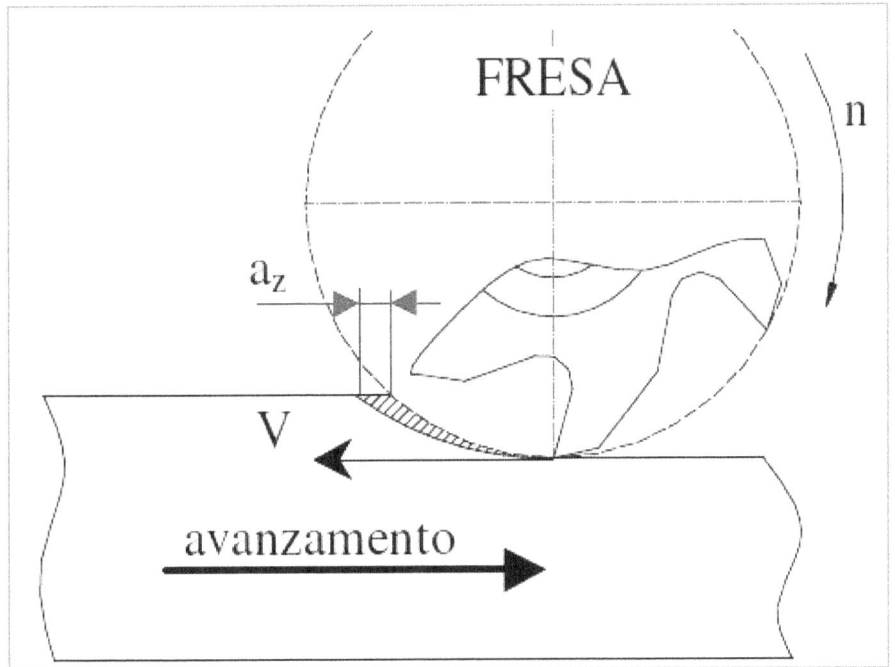

Fig. 155. Movimento relativo tra fresa e pezzo con avanzamento discorde

La sezione trasversale (rispetto all'asse di rotazione) del truciolo ha un profilo crescente, varia da zero nel punto d'inizio asportazione e finisce con una larghezza pari all'avanzamento per dente 'a_z' nel punto di fine asportazione. Durante la lavorazione il tagliente sfrega contro il materiale, l'attrito prodotto assorbe potenza e riscalda il materiale provocando il suo incrudimento, solitamente la fresatura discorde genera uno scarso grado di finitura ed accelera l'usura dei taglienti.

18.1.4 Discordanza: distribuzione delle forze di taglio

La forza di taglio 'F_t' è tangente alla traiettoria percorsa dal tagliente del dente che si muove su un arco di cicloide. Scomponendo tale forza nel punto di massimo sforzo in due vettori, si nota che la componente della forza di taglio parallela alla tavola 'F_o' ha verso opposto al verso del moto di avanzamento, questo permette di mantenere a contatto i fianchi dei filetti del cinematismo vite e madrevite dell'asse che fa traslare la tavola, annullando l'eventuale presenza di gioco nell'accoppiamento. La componente della forza di taglio ortogonale alla tavola 'F_v' tende a sollevare il pezzo in lavorazione che dovrà quindi essere fermamente fissato alla tavola.

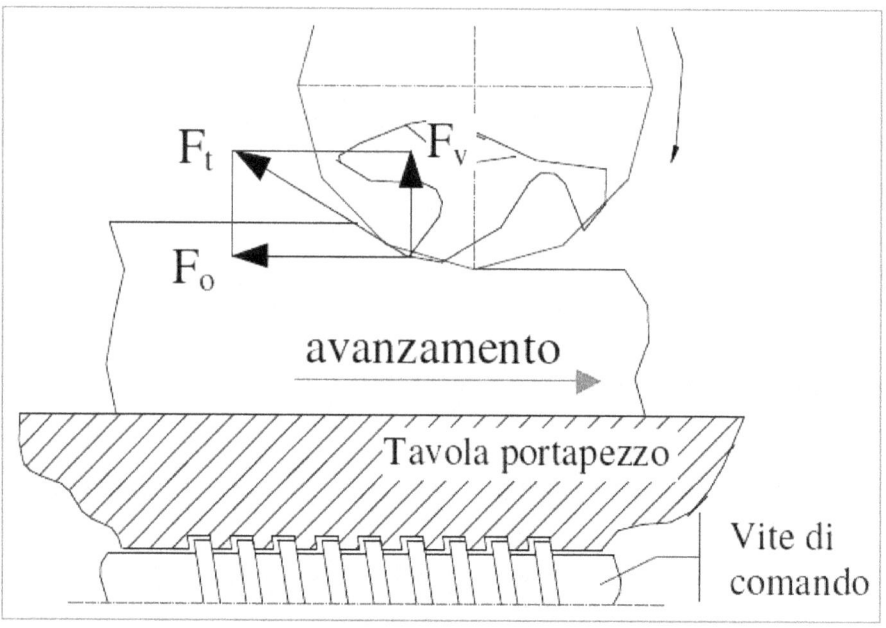

Fig. 156. Forze di taglio con avanzamento discorde

18.1.5 Concordanza: movimento relativo tra fresa e pezzo

L'avanzamento di lavorazione ha verso concorde rispetto al vettore della velocità di taglio della fresa.

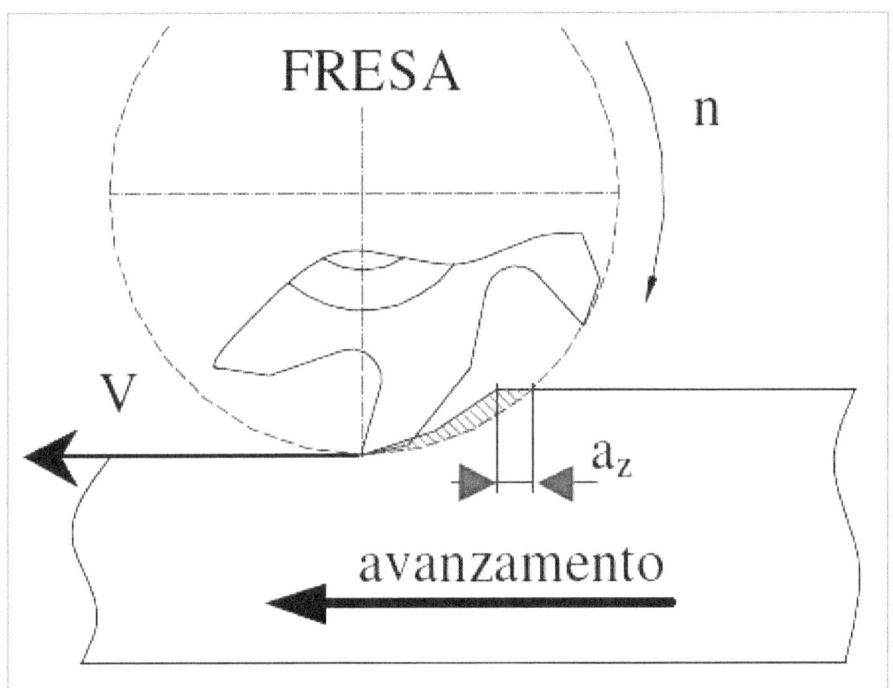

Fig. 157. Movimento relativo tra fresa e pezzo con avanzamento concorde

La sezione trasversale (rispetto all'asse di rotazione) del truciolo ha un profilo decrescente, la sua larghezza nel punto d'inizio asportazione corrisponde all'avanzamento per dente 'a_z' e finisce con spessore zero nel punto di fine asportazione. Il calore prodotto è assorbito maggiormente dal truciolo prevenendo il riscaldamento del materiale, la fresatura effettuata in concordanza facilita inoltre l'evacuazione del truciolo.

18.1.6 Concordanza: distribuzione delle forze di taglio

Come nel caso precedente, la forza di taglio 'F_t' è tangente alla traiettoria percorsa dal tagliente del dente. Scomponendo tale forza nel punto di massimo sforzo in due vettori, si nota che la componente della forza di taglio parallela alla tavola 'F_o' ha verso concorde al verso del moto di avanzamento, questo può provocare il distacco dei fianchi dei filetti della vite dalla madrevite nel caso l'accoppiamento presentasse del gioco. La componente della forza di taglio ortogonale alla tavola 'F_v' tende a comprimere il pezzo in lavorazione agevolando il sistema di bloccaggio.

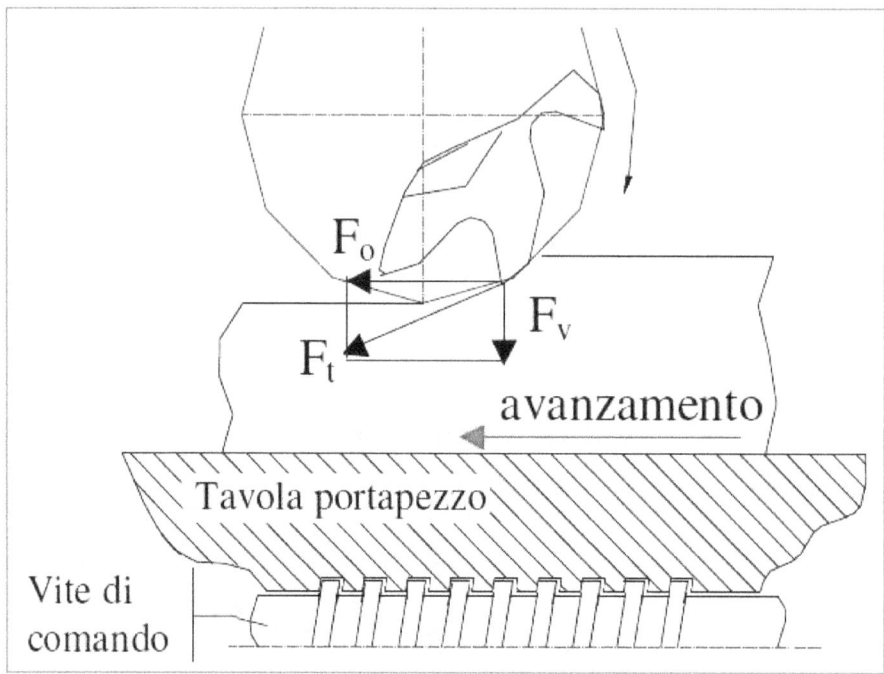

Fig. 158. Forze di taglio con avanzamento concorde

18.1.7 Conclusioni
Si può quindi affermare che la fresatura in concordanza, purché eseguita su fresatrici con sistemi di trasmissione dotati di recupero automatico del gioco, è preferibile a quella in discordanza per la minore usura dei taglienti, per la maggiore stabilità del pezzo e per l'assenza di fenomeni di strisciamento del fianco del dente sulla superficie lavorata.

La fresatura con taglio periferico, sia in concordanza che in discordanza, è caratterizzata da una periodica variazione dello spessore del truciolo e conseguentemente della forza di taglio, questo provoca sempre un regime vibratorio di cui occorre tenere conto nella scelta dei parametri di taglio.

18.2 Fresatura frontale

18.2.1 Introduzione

Si esegue una fresatura frontale quando l'asse di rotazione della fresa è perpendicolare alla superfice da lavorare. Durante la lavorazione sono impegnati più denti contemporaneamente. La sezione del truciolo, tra il punto d'ingresso 'A' e quello d'uscita 'C', presenta piccole variazioni di spessore.

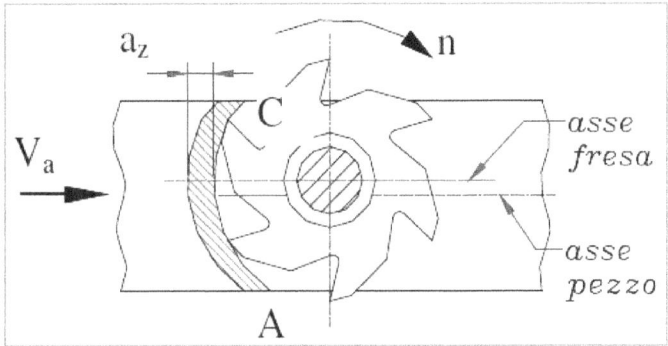

Fig. 159. Forze di taglio con avanzamento concorde

18.2.2 Area della sezione del truciolo

La sezione del truciolo ha forma rettangolare con i lati uguali alla profondità di passata 'p' e all'avanzamento per dente 'a_z'. L'area della sezione, che rimane quasi costante, si calcola con la seguente formula.

$$q = a_z \times p$$

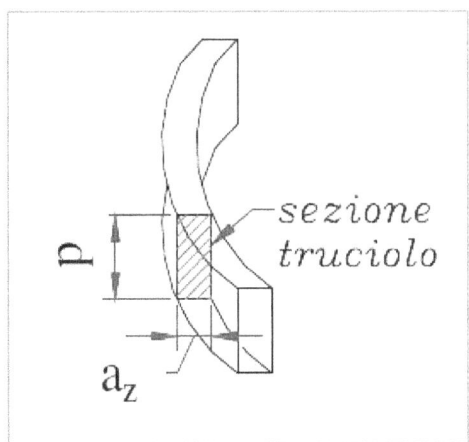

Fig. 160. Forze di taglio con avanzamento concorde

18.2.3 Concordanza e discordanza nella fresatura frontale

Il tagliente, quando lavora nell'arco sotteso tra i punti 'A' e 'B' lavora in discordanza, contemporaneamente il tagliente che lavora nell'arco sotteso tra i punti 'B' e 'C' lavora in concordanza. In presenza di gioco nell'accoppiamento tra vite e madrevite dell'asse, si può evitare il distacco dei fianchi dei filetti decentrando la posizione della fresa di una quantità 's' rispetto all'asse di simmetria della passata in maniera che l'arco d'ingresso 'AB' sia maggiore dell'arco d'uscita 'BC'. Il valore può essere calcolato secondo la seguente formula.

$$s = (0{,}05 / 0{,}1) * D$$

I costruttori degli utensili consigliano inoltre che una fresa a taglio frontale non venga impegnata per più di 2/3 del suo diametro.

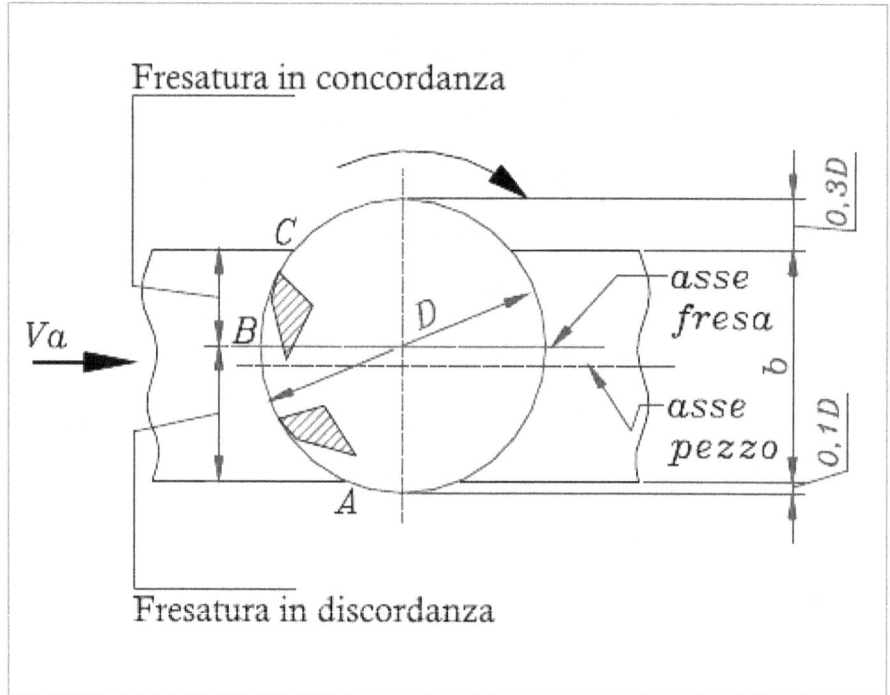

Fig. 161. Concordanza e discordanza nella fresatura frontale

18.3 Confronto tra i vari tipi di fresatura

18.3.1 Fresatura periferica in discordanza
Nella fresatura periferica con verso discorde, prima che avvenga l'inizio della creazione del truciolo, il tagliente scivola sul materiale per un piccolo tratto, l'attrito che si genera provoca il riscaldamento del tagliente e la conseguente riduzione della sua durata.
La variazione crescente dello spessore del truciolo si conclude con un brusco distacco del tagliente dal materiale provocando vibrazioni che influenzano negativamente la qualità della finitura superficiale.
Il verso dello sforzo di taglio tende a sollevare il pezzo dal sistema di fissaggio.
Rimane da considerare che fresare nel verso discorde è però l'unico metodo utilizzabile in macchine che presentano del gioco nell'accoppiamento tra vite e madrevite dell'asse sul quale avviene la lavorazione.

18.3.2 Fresatura periferica in concordanza
Nella fresatura periferica con verso concorde il tagliente della fresa inizia a tagliare in modo deciso, incontrando subito una quantità di materiale da asportare equivalente all'avanzamento impostato.
Genera una minor quantità di vibrazioni, permettendo di ottenere una buona finitura superficiale.
La maggior parte del calore sviluppato durante la lavorazione viene trasmessa al truciolo aumentando la durata del tagliente.
A parità di condizioni di taglio la potenza richiesta per eseguire la lavorazione è minore rispetto al verso di taglio discorde.
Il verso dello sforzo di taglio tende a bloccare il pezzo sulla tavola.
L'unico aspetto negativo della fresatura eseguita nel verso concorde è che non si può utilizzare in macchine che presentano del gioco nell'accoppiamento tra la vite e la madrevite poiché ne provocherebbe il disaccoppiamento con conseguente aumento dello spessore del truciolo pari al gioco stesso.

18.3.3 Fresatura frontale
In questo tipo di fresatura non si hanno problemi di scelta del verso d'avanzamento della lavorazione purché si faccia lavorare la fresa in modo che il suo asse sia opportunamente posizionato rispetto all'asse di simmetria della passata.

Lo spessore del truciolo è più costante rispetto alla fresatura periferica ed il maggior numero di denti in presa riduce notevolmente le vibrazioni, questo rende la lavorazione più uniforme, aumentando la qualità della finitura superficiale.

È possibile lavorare con spessori di truciolo maggiori poiché la fresa è solitamente montata su un albero corto che riduce la flessione dell'utensile e permette di montare inserti in metallo duro che permettono di aumentare la velocità di taglio.

19. Programmazione di quattro pezzi fresati (8h)
(pratica: 8h)

19.1 Esempio di programmazione con l'utilizzo di TRANS

Il programma PRG_19_01 contenuto nella cartella CAP_19 realizza il pezzo riportato nella seguente figura. È caratterizzato dalla presenza di quattro lavorazioni identiche eseguite in quattro posizioni differenti.

Lo zero pezzo si trova nel centro del rettangolo, il programma utilizza la funzione TRANS per spostarlo sugli assi X e Y nei quattro punti da cui partire per eseguire il profilo ed i fori.

Fig. 162. Rappresentazione tridimensionale del pezzo da realizzare

19.1.1 Programma del pezzo

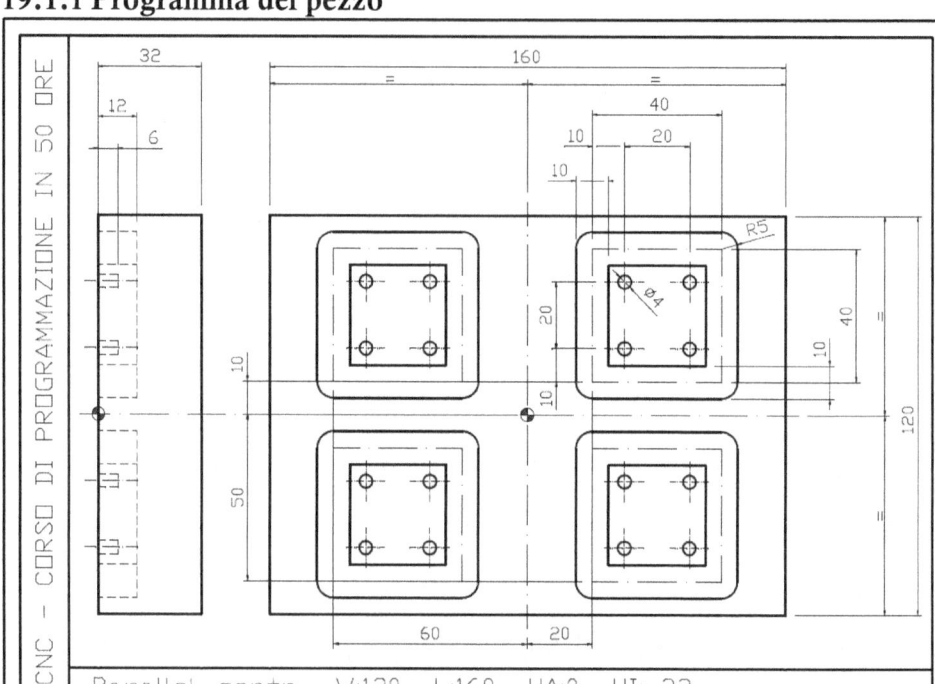

Fig. 163. Disegno del pezzo da realizzare

```
; pezzo grezzo: parallelepipedo centrato
; W = 120 lungh. del lato su Y
; L = 160 lungh. del lato su X
; HA = 0 posizione faccia superiore rispetto allo zero pezzo
; HI = -32 posizione faccia inferiore rispetto allo zero
pezzo

N10 WORKPIECE(,,,"RECTANGLE",64,0,-32,-150,160,120)
N20 G17 G54 G90
N30 G0 Z500

N40 T="CUTTER 10" D1 M6 ; FRESA DIAM. 10
N50 G95 S2800 M3 M8
```

N60 TRANS X20 Y10

```
N70 PROFILO1:
N80 G0 Y0 X0
N90 G0 Z2
N100 G1 Z-12 F0.1
N110 G1 X40 F0.18
```

```
N120 G1 Y40
N130 G1 X0
N140 G1 Y0
N150 G1 Z5 F0.8
N160 FINE1:
```

N170 TRANS X-60 Y10
```
N180 REPEAT PROFILO1 FINE1
```

N190 TRANS X-60 Y-50
```
N200 REPEAT PROFILO1 FINE1
```

N210 TRANS X20 Y-50
```
N220 REPEAT PROFILO1 FINE1

N230 G0 Z500


N240 T="CUTTER 4" D1 M6 ; FRESA DIAM. 4
N250 G95 S2300 M3 M8 F0.12
```

N260 TRANS X20 Y10
```
N270 FORATURA1:
N280 G0 X10 Y10
N290 G0 Z2
N300 MCALL CYCLE82(5,0,2,-6,,0.6,0,1,12)
N310 G0 X10 Y10
N320 G0 X30 Y10
N330 G0 X30 Y30
N340 G0 X10 Y30
N350 MCALL
N360 FINE_FORATURA1:
```

N370 TRANS X-60 Y10
```
N380 REPEAT FORATURA1 FINE_FORATURA1
```

N390 TRANS X-60 Y-50
```
N400 REPEAT FORATURA1 FINE_FORATURA1
```

N410 TRANS X20 Y-50
```
N420 REPEAT FORATURA1 FINE_FORATURA1

N430 G0 Z500

N440 M30
```

19.2 Esempio di programmazione in concordanza

Il programma PRG_19_02 contenuto nella cartella CAP_19 realizza il pezzo riportato nella seguente figura. È caratterizzato dalla presenza di un profilo esterno ed uno interno.

Lo zero pezzo si trova all'incrocio delle diagonali del quadrato, il programma esegue entrambe le lavorazioni con avanzamento concorde al senso di rotazione della fresa.

Si può notare che, con frese destre, ovvero le frese comuni di tipo standard, la lavorazione in concordanza è sempre legata alla funzione di compensazione raggio utensile G41, sia che il profilo sia di tipo esterno od interno.

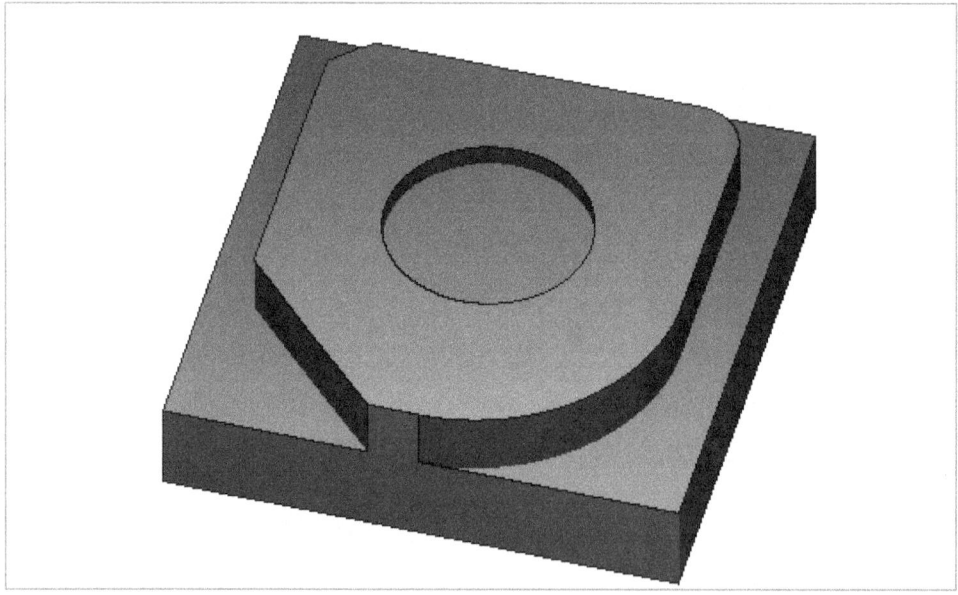

Fig. 164. Rappresentazione tridimensionale del pezzo da realizzare

19.2.1 Programma del pezzo

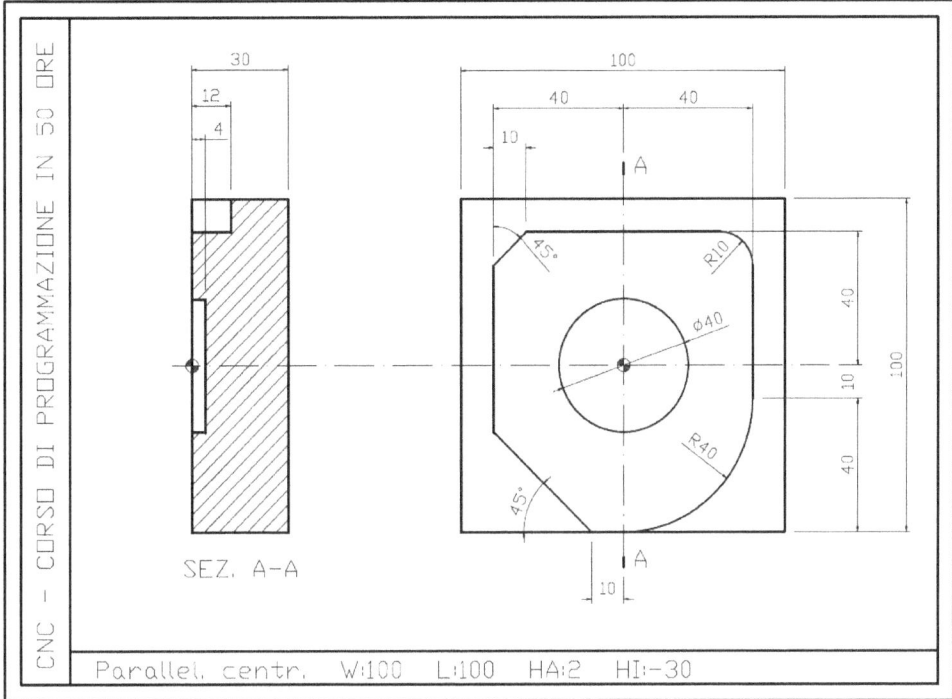

Fig. 165. Disegno del pezzo da realizzare

```
; pezzo grezzo: parallelepipedo centrato
; W = 100 lungh. del lato su Y
; L = 100 lungh. del lato su X
; HA = 2 posizione faccia superiore rispetto allo zero pezzo
; HI = -30 posizione faccia inferiore rispetto allo zero
pezzo

WORKPIECE(,,,"RECTANGLE",64,2,-30,-150,100,100)
G17 G54 G90
G0 Z500
M8

;SPIANATURA
T="FACEMILL 63" D1 M6 ; FRESA DIAM. 63
G95 S850 M3

G0 Y-30 X85 Z2
G1 Z0 F0.22
G1 X-52
G1 Y30
G1 X52
```

```
G1 Z1
G0 Z500

;PROFILO ESTERNO ESEGUITO IN CONCORDANZA
T="CUTTER 32" D1 M6 ; FRESA DIAM. 32
G95 S850 M3
G0 Y65 X65 Z2
G1 Z-12 F0.18
G1 Y40 X40 G41
G1 Y-10
G2 X0 Y-50 CR=40
G1 X-10
G1 X-40 ANG=135
G1 Y40 CHF=10
G1 X40 RND=10
G1 Y20
G1 X60 G40
G1 Z-10
G0 Z2

;TASCA CENTRALE D40 ESEGUITA IN CONCORDANZA
G0 X0 Y0
G1 Z-4 F0.14
G1 X20 G41
G3 X20 Y0 J0 I-20
G1 X0 Y0 G40
G1 Z2

G0 Z500
M30
```

19.3 Esempio di programmazione utilizzando le coordinate polari

Il programma PRG_19_03 contenuto nella cartella CAP_19 realizza il pezzo riportato nella seguente figura. È caratterizzato dalla presenza di un profilo esterno ed una serie di fori, la quale posizione è definita da un diametro ed un angolo riferiti ad un centro detto polo.

Lo zero pezzo si trova sullo spigolo inferiore sinistro del grezzo, il programma esegue il profilo esterno con avanzamento discorde al senso di rotazione della fresa e la serie di fori utilizzando la programmazione in coordinate polari.

Si può notare che con frese destre, ovvero le frese comuni di tipo standard, la lavorazione in discordanza è sempre legata alla funzione di compensazione raggio utensile G42.

Fig. 166. Rappresentazione tridimensionale del pezzo da realizzare

19.3.1 Sistema di coordinate polari

Il sistema di coordinate polari è un sistema di coordinate bidimensionale nel quale ogni punto del piano (nel caso della fresatura il piano G17) è identificato da un angolo e da una distanza da un punto fisso detto polo.

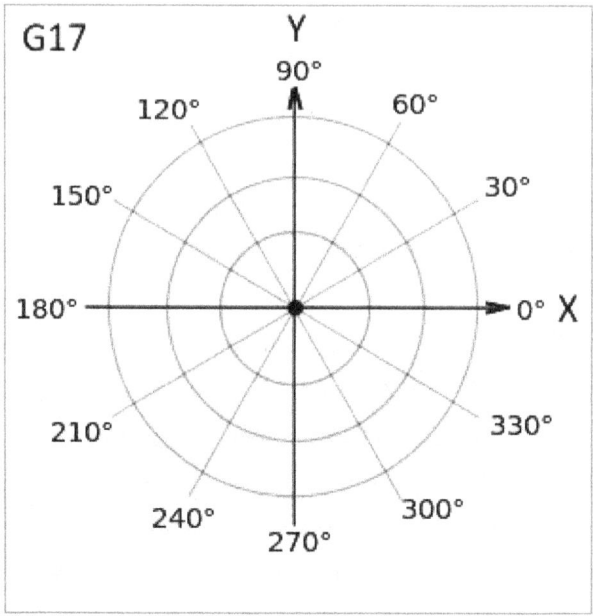

Fig. 167. Definizione di un punto sul piano G17 tramite le coordinate polari

La posizione del polo è definita dalle le funzioni G110, G111 e G112 come descritto qui di seguito.

Nome	Significato
G110	Programmazione polare relativa all'ultima posizione di riferimento programmata.
G111	Programmazione polare relativa al punto zero del sistema di coordinate del pezzo attuale.
G112	Programmazione polare relativa all'ultimo polo valido.

Se non viene impostato alcun polo, vale il punto zero del sistema di coordinate attuale.

La posizione del punto rispetto al polo è definita tramite le funzioni AP e RP come descritto qui di seguito.

Nome	Significato
AP	Angolo polare, campo dei valori ±0...360°, angolo riferito all'asse orizzontale del piano di lavoro.
RP	Raggio polare in mm oppure in pollici sempre con valori assoluti positivi.

19.3.2 Comandi di movimento con le coordinate polari

Il punto definito tramite le coordinate polari può essere raggiunto con un posizionamento rapido (G0), con un movimento di lavoro rettilineo (G1) oppure con un arco di cerchio in interpolazione oraria o antioraria (G2 e G3).

```
G0 AP=... RP=...
```

Oppure

```
G1 AP=... RP=...
```

Oppure

```
G2 AP=... RP=...
```

Oppure

```
G3 AP=... RP=...
```

19.3.3 Programma del pezzo

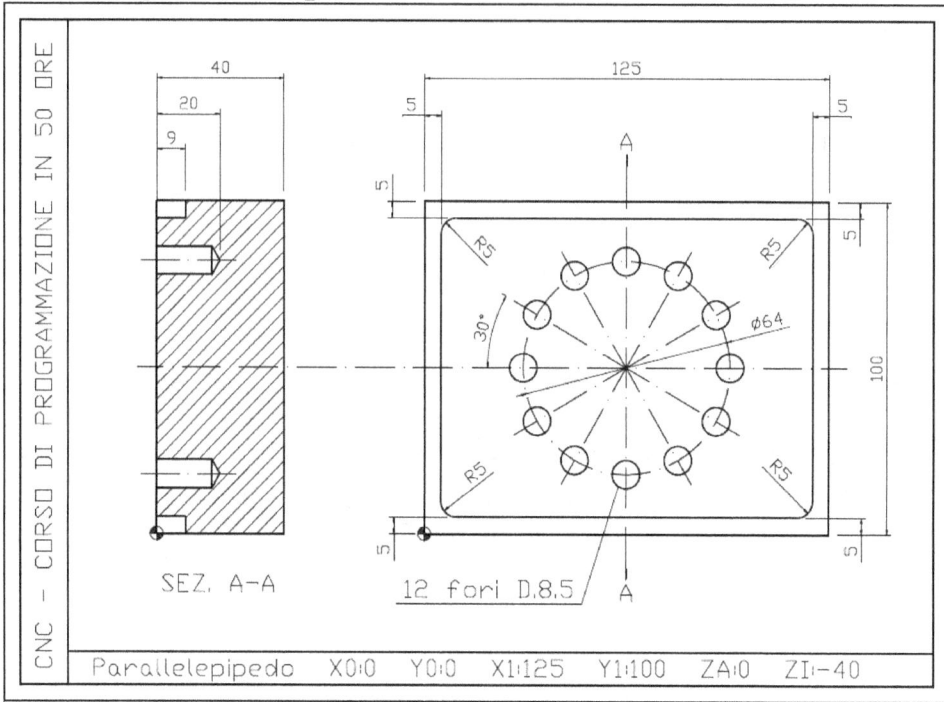

Fig. 168. Disegno del pezzo da realizzare

```
; pezzo grezzo: parallelepipedo
; X0 = 0 coord. del primo vertice su X
; Y0 = 0 coord. del primo vertice su Y
; X1 = 125 coord. del secondo vertice su X
; Y1 = 100 coord. del secondo vertice su Y
; ZA = 0 posizione faccia superiore rispetto allo zero pezzo
; ZI = -40 posizione faccia inferiore rispetto allo zero
pezzo

WORKPIECE(,,,"BOX",112,0,-40,-150,0,0,125,100)
G17 G54 G90
G0 Z500

;ESECUZIONE DEL PROFILO ESTERNO CON AVANZAMENTO IN
DISCORDANZA RISPETTO ALLA ROTAZIONE DELLA FRESA

T="CUTTER 16" D1 M6 ; FRESA DIAM. 16
G95 S1260 M3 M8
G0 Y-10 X-10 Z2
G1 Z-9 F0.26
G1 Y5 X5 G42
```

```
G1 X120 RND=5
G1 Y95 RND=5
G1 X5 RND=5
G1 Y5 RND=5
G1 X12
G0 Y-10 X-10 G40
G1 Z5 F0.8


;ESECUZIONE DEI 12 FORI UTILIZZANDO LE COORDINATE POLARI
T="DRILL 8.5" D1 M6 ; PUNTA DIAM. 8.5
G95 S1900 M3 M8

G111 X62.5 Y50 ; DEFINIZIONE DELLA POSIZIONE DEL POLO
RISPETTO ALLO ZERO PEZZO

G0 RP=32 AP=00 ; FORO A 0 GRADI SU DIAM. 64
G1 Z-20 F0.2
G0 Z2

G0 RP=32 AP=30 ; FORO A 30 GRADI SU DIAM. 64
G1 Z-20 F0.2
G0 Z2

G0 RP=32 AP=60 ; FORO A 60 GRADI SU DIAM. 64
G1 Z-20 F0.2
G0 Z2

G0 RP=32 AP=90 ; FORO A 90 GRADI SU DIAM. 64
G1 Z-20 F0.2
G0 Z2

G0 RP=32 AP=120 ; FORO A 120 GRADI SU DIAM. 64
G1 Z-20 F0.2
G0 Z2

G0 RP=32 AP=150 ; FORO A 150 GRADI SU DIAM. 64
G1 Z-20 F0.2
G0 Z2

G0 RP=32 AP=180 ; FORO A 180 GRADI SU DIAM. 64
G1 Z-20 F0.2
G0 Z2

G0 RP=32 AP=210 ; FORO A 210 GRADI SU DIAM. 64
G1 Z-20 F0.2
G0 Z2
```

```
G0 RP=32 AP=240 ; FORO A 240 GRADI SU DIAM. 64
G1 Z-20 F0.2
G0 Z2

G0 RP=32 AP=270 ; FORO A 270 GRADI SU DIAM. 64
G1 Z-20 F0.2
G0 Z2

G0 RP=32 AP=300 ; FORO A 300 GRADI SU DIAM. 64
G1 Z-20 F0.2
G0 Z2

G0 RP=32 AP=330 ; FORO A 330 GRADI SU DIAM. 64
G1 Z-20 F0.2
G0 Z2

G0 Z500

M30
```

19.4 Esempio di programmazione con fori maschiati

Il programma PRG_19_04 contenuto nella cartella CAP_19 realizza il pezzo riportato nella seguente figura. È caratterizzato dalla presenza di una serie di fori la quale posizione è definita da un diametro ed un angolo riferita ad un centro detto polo.

Lo zero pezzo si trova sull'intersezione delle diagonali del poligono, il programma esegue la serie di fori e la successiva maschiatura di ognuno di essi utilizzando la programmazione in coordinate polari e le funzioni di maschiatura rigida.

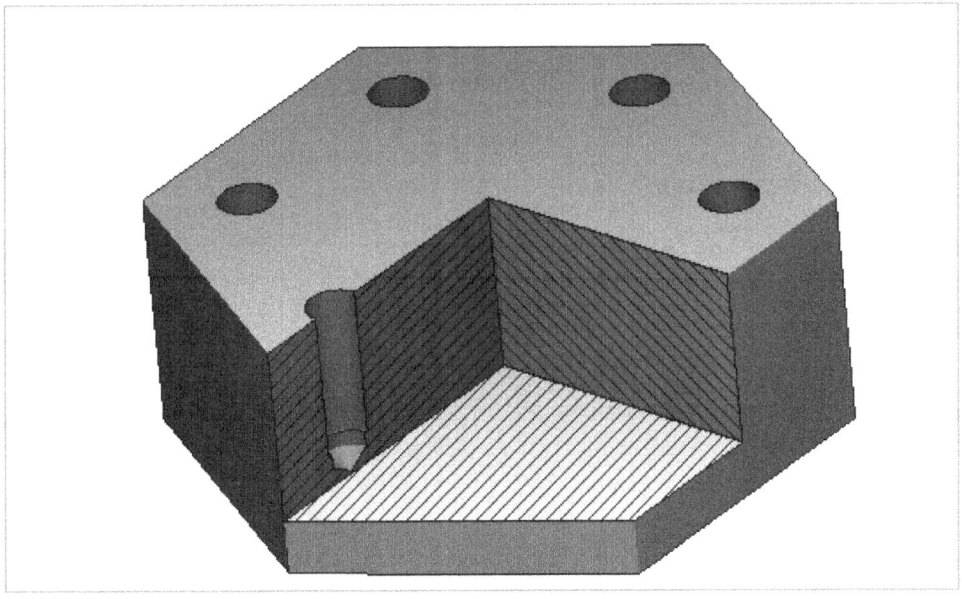

Fig. 169. Rappresentazione tridimensionale del pezzo da realizzare

19.4.1 Funzioni di maschiatura

Come già visto per il tornio, le funzioni di maschiatura sono differenti nei casi in cui si eseguono maschiature compensate o maschiature rigide.

Si esegue la maschiatura con utensile compensato quando la macchina non è in grado di coordinare la posizione angolare dell'utensile con la sua traslazione lungo l'asse di rotazione. Per questo motivo è necessario montare il maschio su un supporto in grado di compensare l'errore assiale di posizione.

La funzione che attiva la maschiatura compensata è G63.

Nome	Significato
G63	Attivazione della maschiatura compensata.

Esempio di programmazione:
```
G95 S600 M3        ; rotazione oraria del maschio
G0 X50 Y50 Z2      ; avvicinamento rapido
G63 Z-28 F1 M3     ; esecuzione della maschiatura
G63 Z2 F1 M4       ; inversione della rotazione e ritorno a Z2
G0 Z500            ; allontanamento
```

Per eseguire una maschiatura rigida usare come già visto per il tornio le funzioni G331 e G332. Le filettature destrorse/sinistrorse sono definite mediante il segno del passo.

Nome	Significato
G331	Esecuzione della maschiatura rigida (senza utensile compensato).
G332	Svincolo e ritorno dell'utensile.

Esempio di programmazione:
```
SPOS=0              ; orientamento angolare a zero del mandrino
G0 X50 Y50 Z2       ; avvicinamento rapido
G331 Z-28 K1 S600   ; esecuzione della maschiatura
G332 Z2 K1          ; inversione della rotazione e ritorno a Z2
G0 Z500             ; allontanamento
```

19.4.2 Programma del pezzo

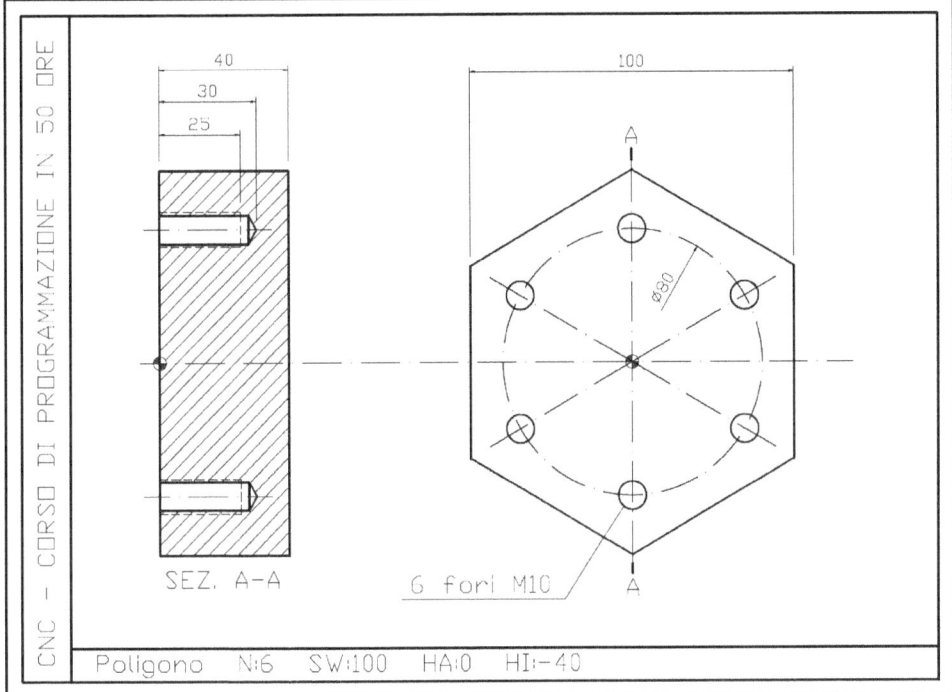

Fig. 170. Disegno del pezzo da realizzare

```
; pezzo grezzo: poligono
; N = 6 numero di lati
; SW = 100 distanza tra i lati
; HA = 0 posizione faccia superiore rispetto allo zero pezzo
; HI = -40 posizione faccia inferiore rispetto allo zero
pezzo

WORKPIECE(,,,"N_CORNER",64,0,-40,-150,6,100)
G17 G54 G90
G0 Z500

;ESECUZIONE DEI 6 FORI UTILIZZANDO LE COORDINATE POLARI
T="DRILL 8.5" D1 M6 ; PUNTA DIAM. 8.5
G95 S1900 M3 M8

G111 X0 Y0 ; DEFINIZIONE DELLA POSIZIONE DEL POLO

G0 RP=40 AP=30 ; FORO A 30 GRADI SU DIAM. 80
G1 Z-30 F0.2
G0 Z2
```

```
G0 RP=40 AP=90 ; FORO A 90 GRADI SU DIAM. 80
G1 Z-30 F0.2
G0 Z2

G0 RP=40 AP=150 ; FORO A 150 GRADI SU DIAM. 80
G1 Z-30 F0.2
G0 Z2

G0 RP=40 AP=210 ; FORO A 210 GRADI SU DIAM. 80
G1 Z-20 F0.2
G0 Z2

G0 RP=40 AP=270 ; FORO A 270 GRADI SU DIAM. 80
G1 Z-30 F0.2
G0 Z2

G0 RP=40 AP=330 ; FORO A 330 GRADI SU DIAM. 80
G1 Z-30 F0.2
G0 Z500


;ESECUZIONE DELLE 6 MASCHIATURE RIGIDE
T="THREADCUTTER M10" D1 M6 ; MASCHIO M10
G95 S680 M3 M8

G111 X0 Y0 ; DEFINIZIONE DELLA POSIZIONE DEL POLO

G0 RP=40 AP=30 ; MASCHIATURA A 30 GRADI SU DIAM. 80
SPOS=0
G331 Z-25 K1.25 S680
G332 Z2 K1.25

G0 RP=40 AP=90 ; MASCHIATURA A 90 GRADI SU DIAM. 80
SPOS=0
G331 Z-25 K1.25 S680
G332 Z2 K1.25

G0 RP=40 AP=150 ; MASCHIATURA A 150 GRADI SU DIAM. 80
SPOS=0
G331 Z-25 K1.25 S680
G332 Z2 K1.25

G0 RP=40 AP=210 ; MASCHIATURA A 210 GRADI SU DIAM. 80
SPOS=0
G331 Z-25 K1.25 S680
G332 Z2 K1.25

G0 RP=40 AP=270 ; MASCHIATURA A 270 GRADI SU DIAM. 80
```

```
SPOS=0
G331 Z-25 K1.25 S680
G332 Z2 K1.25

G0 RP=40 AP=330 ; MASCHIATURA A 330 GRADI SU DIAM. 80
SPOS=0
G331 Z-25 K1.25 S680
G332 Z2 K1.25

G0 Z500

M30
```

20. Seconda verifica d'apprendimento (2h)
(pratica: 2h)

20.1 Introduzione alla verifica

La verifica consiste nell'eseguire il programma che realizza il pezzo riportato nella figura 173. Procedere come segue:
- Caricate il file degli utensili che trovate all'interno della cartella 01_ESERCIZI di nome LISTA_UT_VUOTA. Questo file cancella tutti gli utensili esistenti sovrascrivendoli con la sola fresa a candela definita al suo interno.
- Create ora gli utensili necessari all'esecuzione di questo programma. Qui di seguito è riportata la lista degli utensili necessari, la loro posizione all'interno del magazzino, i dati di azzeramento sull'asse Z ed i dati per definirne l'aspetto grafico.

Posto	Tipo	Nome utensile	ST	D	Lungh.	Ø		N			
1		CUTTER 4	1	1	65.000	4.000		3			
2		FRESA PER SPIANARE	1	1	120.000	50.000		6			
3		FRESA CANDELA D20	1	1	105.000	20.000		4			
4		PUNTA D10	1	1	100.000	10.000	118.0				
5		FR. INSERTI LATERALI	1	1	115.000	45.000		4			
6											
7											

Fig. 171. Lista degli utensili da creare ed utilizzare nel programma di verifica

- Create all'interno della cartella 01_ESERCIZI un programma principale vuoto e nominatelo VER_20_01.
- Strutturate il programma come quelli visti fino ad ora:
- Inserite in testa al programma i commenti che riportano le dimensioni del grezzo.
- Definite le dimensioni del grezzo.
- Inserite i blocchi che attivano le impostazioni di partenza e la posizione di sicurezza:
  ```
  G17 G54 G90
  G0 Z500
  ```
- Procedete con la programmazione delle lavorazioni seguendo la sequenza logica riportata nel paragrafo 5.2.

20.2 Lavorazioni e parametri di taglio

Sequenza di lavorazione	Nome dell'utensile	Operazione	Velocità di taglio (m/min)	Avanzamento (mm/giro)
1ª	T2 D1	Spianatura	100	0.6
2ª	T5 D1	Cilindro D112	120	0.3 in concordanza
3ª	T3 D1	Tasca D80	90	0.2 in concordanza
4ª	T3 D1	Quattro fresature	110	0.32
5ª	T1 D1	N2 fori D4	80	0.06
6ª	T4 D1	N4 fori D10	80	0.12

Fig. 172. Sequenza delle lavorazioni e parametri di taglio da utilizzare nella verifica

20.3 Disegno del pezzo da realizzare

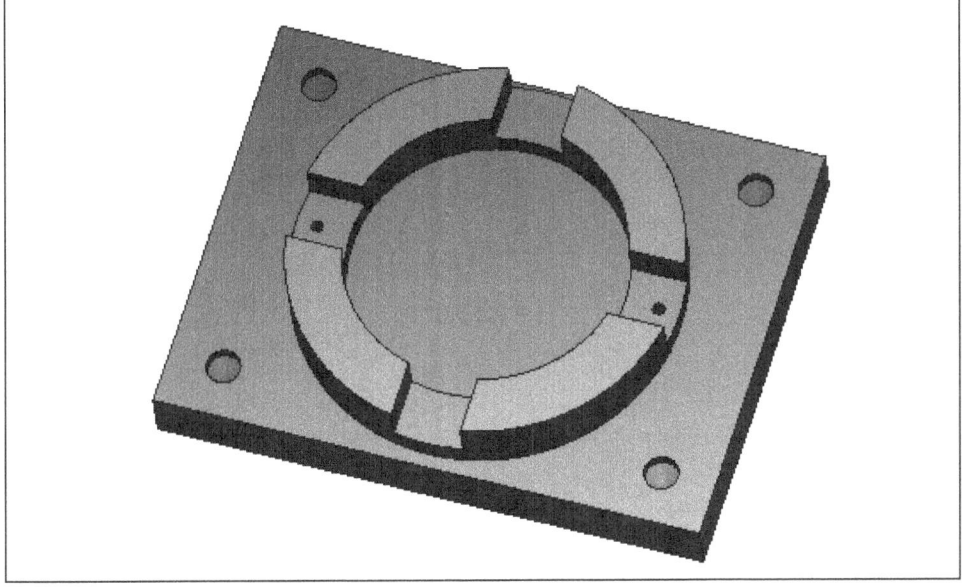

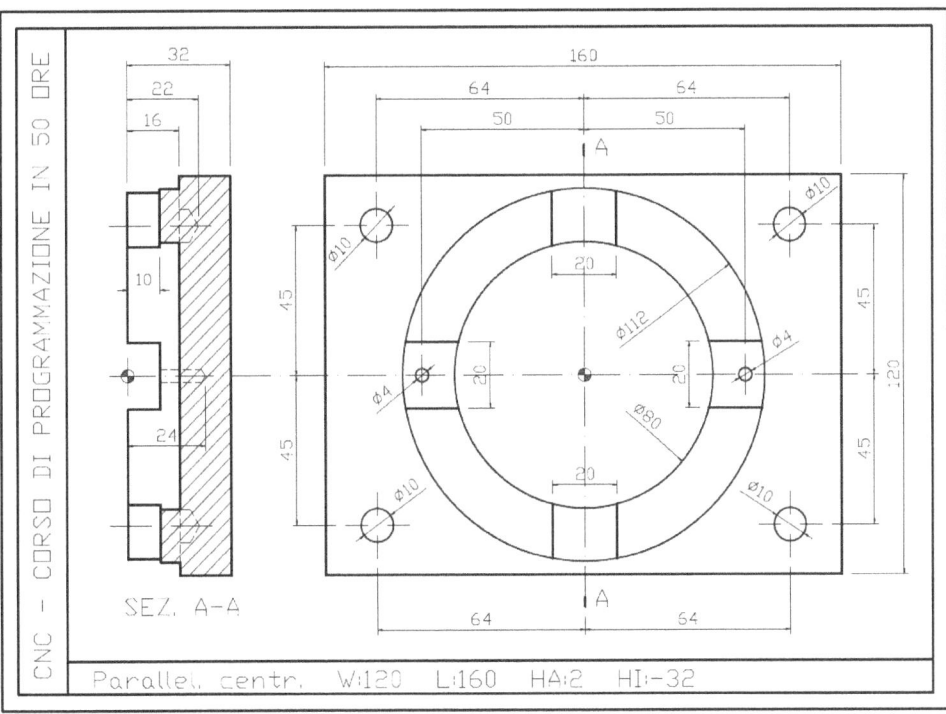

Fig. 173. Disegno del pezzo da realizzare

20.4 Correzione del programma
Confrontate il vostro programma con quello contenuto nella cartella ESERCIZI_SVOLTI, di nome VER_20_01.

www.ingramcontent.com/pod-product-compliance
Lightning Source LLC
Chambersburg PA
CBHW062350220526
45472CB00008B/1763